薄壳山核桃

PECAN

CARYA ILLINOINENSIS

袁 军 ◎ 主编

中国林业出版社
China Forestry Publishing House

图书在版编目(CIP)数据

薄壳山核桃 / 袁军主编. —北京：中国林业出版社，2022.5
ISBN 978-7-5219-1673-7

Ⅰ.①薄… Ⅱ.①袁… Ⅲ.①山核桃-农业产业-产业发展-中国 Ⅳ.①F326.13

中国版本图书馆 CIP 数据核字（2022）第 076543 号

中国林业出版社·自然保护分社（国家公园分社）
策划编辑：刘家玲　　　　　责任编辑：许　玮
电　　话：（010）83143576

出版发行	中国林业出版社（100009　北京市西城区德内大街刘海胡同 7 号）http://www.forestry.gov.cn/lycb.html
印　　刷	河北京平诚乾印刷有限公司
版　　次	2022 年 7 月第 1 版
印　　次	2022 年 7 月第 1 次印刷
开　　本	710mm×1000mm　1/16
印　　张	12.25　　彩插　4
字　　数	245 千字
定　　价	60.00 元

未经许可，不得以任何方式复制或抄袭本书之部分或全部内容。

版权所有　侵权必究

编写委员会

主　　编　袁　军

副 主 编　蒋　瑶　熊新武　田晓明

参编人员　周俊琴　胡东兵　卢　锟　张　雨
　　　　　陈　勇　侯　婷　蒋思思　刘　祥
　　　　　姚亚轩　王艺颖

序 言

薄壳山核桃，又称碧根果、美国山核桃，是重要的果用、果材兼用型木本油料树种，壳薄、果大，营养价值高，其种仁油脂含量高达70%，不饱和脂肪酸含量高达97%，无论作为鲜食果品还是加工产品均具有独特的风味和口感。薄壳山核桃的木材质地坚韧，是制作家具的优良材料。同时，它也是行道树、庭荫树、风景林的极佳选择。因此，薄壳山核桃集经济、生态、社会三大效益于一身，在乡村振兴、林业产业发展以及"双碳"战略目标实现中均具有重要作用，开发利用前景十分广阔。

19世纪末20世纪初我国才开始对薄壳山核桃进行引种和栽培。湖南省是薄壳山核桃最早引种的省份之一，在怀化、常德、邵阳等地都进行了引种栽培。大量栽培经验表明，薄壳山核桃适宜在湖南丘陵山区、房前屋后等区域进行栽培，随着适宜良种筛选及配套栽培新技术的应用，单位面积产量也逐年提高，产业规模日益扩大。然而，由于缺少系统介绍薄壳山核桃的书，很多企业、农户以及消费者对薄壳山核桃及栽培技术还不是很了解。由中南林业科技大学牵头，联合云南省林业科学院和湖南省植物园编写的《薄壳山核桃》一书，梳理了薄壳山核桃良种选育、苗木繁育、丰产栽培、病虫害防治以及加工利用等方面的内容，全书内容丰富，图文并茂，通俗易懂，技术深入浅出，实用性强，可为薄壳山核桃种植者、经营者、技术推广人员以及农林院校科研工作者提供参考。

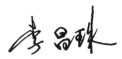

湖南省人民政府科技战略咨询专家
省部共建木本油料资源利用国家重点实验室主任

前 言

薄壳山核桃是胡桃科山核桃属著名干果树种，又名"美国山核桃""长山核桃"和"碧根果"等，是当前发展最迅速的经济树种之一。薄壳山核桃用途广泛，种子是重要的干果，因其果仁味道香甜可口，是畅销的果品，也是高档面包等的添加调料。其种仁含油率达70%以上，并且不容易酸败，因此是很好的烹调用油。美国山核桃还是优良的材用树种，据说美国"卡尔文森号航母"的甲板就是用薄壳山核桃木所做，因此是高档家具等的理想材料。此外，其树形美观、挺拔，生长量也较大，是庭院、河道等地方绿化的优良树种，薄壳山核桃林下还能间种块菌等经济价值较高的产品，因此是集经济效益、生态效益和社会效益于一体的优良树种，不仅适宜进行规模化产业化开发，还适宜作为行道树、庭荫树等风景林树种，也适于河流沿岸、湖泊周围及平原地区四旁绿化。薄壳山核桃原产美国，引种到中国已经超过100年，主要种植区域包括安徽、江苏、浙江等地，在湖南、江西等地目前发展也较快。薄壳山核桃的科研、良种选育、繁育技术、种植技术、加工利用得到长足发展。本书尽量以通俗易懂的文字，来简要介绍薄壳山核桃的相关概况，以期为产业发展等提供参考资料。

该书出版得到湖南省林业生态保护修复及发展专项资金"薄壳山核桃新品种引进与筛选"、中南林业科技大学林学一流学科等项目的资助，在此一并表示感谢。

由于编者学识有限，编写时间仓促，书中难免有疏漏和错误之处，恳请读者批评指正，我们将在以后的撰写和生产实践中不断丰富、完善相关内容。

编 者

2022 年 3 月

目 录

序　言
前　言

第一章　薄壳山核桃概述 ·· 1
　　一、生物学特性 ··· 1
　　二、生态学特性 ··· 2
　　三、影响薄壳山核桃生长发育的因素 ······················ 3
　　四、自然和栽培分布 ·· 6
　　五、生产情况 ·· 7
　　六、消费情况 ·· 8
　　七、发展与国内引种历史 ······································ 9
　　八、发展建议 ··· 12

第二章　薄壳山核桃品种 ··· 15
　　一、概述 ··· 15
　　二、国外品种 ·· 15
　　三、国内品种 ·· 37

第三章　薄壳山核桃育苗 ··· 46
　　一、育苗条件 ··· 47
　　二、砧木（实生苗）培育 ····································· 48
　　三、嫁接育苗 ··· 54
　　四、大规格苗培育 ·· 58
　　五、容器育苗 ··· 59
　　六、注意事项 ··· 63

第四章　薄壳山核桃栽培技术 ··· 65
　　一、我国薄壳山核桃适栽区划分 ··························· 65

二、我国各栽培区自然生态环境及引种表现 …………………………………… 66
　　三、果用林栽培技术 ………………………………………………………………… 69
　　四、果材兼用林栽培技术 …………………………………………………………… 74
　　五、风景林栽培技术 ………………………………………………………………… 78
　　六、薄壳山核桃品种配置及人工授粉 …………………………………………… 80

第五章　薄壳山核桃林分抚育技术 ………………………………………………… 95
　　一、定植后管理 ……………………………………………………………………… 95
　　二、树体管理 ………………………………………………………………………… 95
　　三、土肥水管理 …………………………………………………………………… 102
　　四、低产林改造 …………………………………………………………………… 107
　　五、保花保果措施 ………………………………………………………………… 108
　　六、病虫害防治技术 ……………………………………………………………… 111
　　七、采收与贮藏 …………………………………………………………………… 129

第六章　薄壳山核桃林下经济 ……………………………………………………… 134
　　一、林下经济概述 ………………………………………………………………… 134
　　二、林下种植 ……………………………………………………………………… 135
　　三、林下养殖 ……………………………………………………………………… 145
　　四、森林旅游 ……………………………………………………………………… 149

第七章　薄壳山核桃加工和利用途径 …………………………………………… 156
　　一、薄壳山核桃采收和初加工 …………………………………………………… 156
　　二、薄壳山核桃的分级和贮藏 …………………………………………………… 159
　　三、薄壳山核桃仁的主要利用途径 ……………………………………………… 162
　　四、综合利用 ……………………………………………………………………… 169

附录A　薄壳山核桃相关技术规程汇总表 ……………………………………… 175

附录B　中国薄壳山核桃主要栽培品种与配置 ………………………………… 179

附录C　薄壳山核桃主要病虫害及防治方法 …………………………………… 185

彩　插 ……………………………………………………………………………………… 187

第一章 薄壳山核桃概述

一、生物学特性

薄壳山核桃又名美国山核桃、长山核桃、碧根果、薄皮山核桃等，为胡桃科山核桃属高大乔木，其树高可达50m，胸径可达2.5m，寿命可达150年。薄壳山核桃坚果果大壳薄、含油量高，树干通直、木质坚硬，是一种优良的果材兼用树种（图1-1）。薄壳山核桃树皮粗糙，深纵裂；短果枝的芽一般都为混合芽，芽体比较饱满，鳞片紧包，近圆形，萌发后长出结果枝和复叶，基部侧芽形成雄花序，并在近顶端形成雌花序。奇数羽状复叶长25~35cm，叶柄及叶轴初被柔毛，后来几乎无毛，具9~17枚小叶；小叶具极短的小叶柄，卵状披针形至长椭圆状披针形，有时呈长椭圆形，通常稍呈镰状弯曲，长7~18cm，宽2.5~4cm，基部歪斜阔楔形或近圆形，顶端渐尖，边缘具单锯齿或重锯齿，初被腺体及柔毛，后来毛脱落而常在脉上有疏毛。雄性柔荑花序3条1束，几乎无总梗，长8~14cm，自去年生小枝顶端或当年生小枝基部的叶痕腋内生出。雄蕊的花药有毛。雌性穗状花序直立，花序轴密被柔毛，具3~10雌花。雌花子房长卵形，总苞的裂片有毛。果实于9~11月成熟，果实矩圆状或长椭圆形，长3~5cm，直径2.2cm左右，有4条纵棱，外果皮4瓣裂，革质，内果皮平滑，灰褐色，有暗褐色斑点，顶端有黑色条纹；基部不完全2室。种子百粒重600~1200g，果壳厚度约为0.9mm，坚果出仁率为42.3%~54.3%，种仁含油率为63.95%~73.40%，含蛋白12.1%，糖类12.2%，其中油脂中有棕榈酸、硬脂酸、花生酸3种饱和脂肪酸（SFA），单不饱和脂肪酸（油酸）以及亚油酸、亚麻酸、花生烯酸3种多不饱和脂肪酸，脂肪酸相对含量从低到高为花生酸<花生烯酸<亚麻酸<

图1-1 我国丘陵山区的薄壳山核桃树

硬脂酸<棕榈酸<亚油酸<油酸。

薄壳山核桃起源可追溯至白垩纪时代，其树体高大，材质优良，为世界著名的高档干果、油料树种和材果兼用优良树种，现以美国为中心产区，分布于美国、墨西哥、意大利、法国和中国等地。作为经济林树种，坚果具有个大、壳薄、出仁率高、取仁容易、产量高等特点，生食、炒食、加工皆宜。并且其果仁色美味香甜，无涩味，营养丰富，富含油脂(80%)、不饱和脂肪酸(97%)、蛋白质(11%)、碳水化合物(13%)、各种氨基酸、维生素 B_1、维生素 B_2。据研究，薄壳山核桃单粒重 8.90~14.55g，种仁重 2.40~7.79g，种仁出仁率约为 50%。粗脂肪含量为 62.53%~70.95%，总蛋白含量为 6.03%~15.67%，总糖 6.68%~21.83%，总氨基酸 35.611~165.45mg/g，人体必需氨基酸总量 10.138~52.81mg/g，矿物质含量 0.56%~1.03%（表1-1）。它是理想的防止老年痴呆和降低冠心病的保健食品，也是上等的烹调用油和色拉油油料树种。作为用材林树种，其树干通直，材质坚实，纹理细致，富有弹性，不易翘裂，是建筑、军工、室内装饰和制作高档家具的理想材料。

表1-1 薄壳山核桃营养成分表（每100g）

指　标	含　量	指　标	含　量
总脂肪	72g	维生素 A	3μg
饱和脂肪	6.2g	维生素 C	1.1mg
多不饱和脂肪酸	21.6g	维生素 E	1.4mg
单不饱和脂肪酸	40.8g	维生素 B_6	0.21mg
总 Omega-3	1075mg	维生素 K	3.8μg
总 Omega-6	22487mg	钙	70mg
总碳水化合物	14g	钾	410mg
膳食纤维	9.6g	铁	2.5mg
糖	4g	镁	121mg
蛋白质	9.2g	锌	4.53mg

（据 https://uspecans.org/）

二、生态学特性

薄壳山核桃适宜年平均温度 13~20℃，北方品种能耐-29℃的低温，南方品种只能耐-18℃的低温，薄壳山核桃能耐受的极端高温是 46.5℃。≥10℃年积温 3500~5500℃，自然分布区的无霜期在 140~280 天，主产区的无霜期多在 220 天以上，对寒冷度的最低积温要求是 500℃。东南部的年降水量一般为 1000~

1600mm，西部和北部干旱地区的年降水量为 500~800mm。薄壳山核桃喜欢土层深厚、质地疏松、富含腐殖质、湿润且排水良好的沙壤土或壤土，不太适于过于黏重的酸性土壤。薄壳山核桃对土壤 pH 要求不严，在 pH 为 5.8~8.0 时可良好生长。薄壳山核桃耐湿能力强，在水沟或池塘边生长结果良好。

薄壳山核桃在华东地区花芽于 3 月中下旬开始萌动，3 月底顶芽和雄花芽绽开，顶芽抽生结果枝，雄花芽抽生雄花序。4 月初开始展叶，20 天以后基本达到叶面积最大值。混合芽于 3 月下旬萌动后抽生结果枝，4 月底于结果枝顶端发育成具 6~8 朵小花的穗状花序。在雌花显蕾初期，二裂柱头合拢，此时无授粉受精能力，经 5~8 天后，子房逐渐膨大，柱头开始向两侧张开，此为始花期。当呈倒"八"字形张开时，柱头正面呈现突出且分泌物增多，此为雌花可授期。雌花有 7~9 天的等待授粉习性。雄花芽于 3 月中旬开始萌动，经 9~12 天后芽开始绽开，芽绽开后长出 3 束柔荑花序，花序直挺。4 月中旬花序伸长，开始软垂，雄花序迅速伸长，小花形成，并由深绿色变成浅绿色。4 月下旬，花苞开放，花药发育，每个花序由 114~126 朵小花组成。雄蕊散粉期经过花萼开裂—即将散粉期—散粉初期—散粉盛期—散粉末期—小花脱落的变化过程。授粉后，薄壳山核桃果实约从 6 月开始膨大，7~9 月其果实的横纵径增长迅速，是果实膨大期，9 月下旬至果实成熟后，果实增长缓慢。种仁含油率在 7~9 月增长最快。9~11 月果实成熟，果实一般长度为 3~5cm，果实直径大约为 2.2cm，因品种、栽培区域和水肥条件有所不同。果实分为外果皮和内果皮，内果皮表面平滑呈灰褐色且表面布有暗褐色的斑点，在顶部布有黑色的条纹纹理。外果皮常被称为青皮。

三、影响薄壳山核桃生长发育的因素

薄壳山核桃是一种适宜在温热、湿润气候地区生长的高大乔木，在我国亚热带东南部地区具有较强的适应性。随着薄壳山核桃产业的发展，很多省份开始引种薄壳山核桃，由于对薄壳山核桃的生物学特性以及引种地的生态环境与该树种协调性缺乏全面了解，在引种工作方面存在一定的盲目性，导致一些地区出现生长不良、引种失败的现象，为了避免人力、物力及资源等方面的浪费，在引种前必须对影响薄壳山核桃生长的环境因子进行分析。薄壳山核桃原产于美国南部和墨西哥北部，栽培区分布较广，南、北纬 25°~35°为适宜区，中心产区位于北纬 30°~33°，生长及结实表现良好。影响薄壳山核桃生长分布及生长发育的环境因素主要为温度、水分、土壤等。

(一)温度

温度主要影响薄壳山核桃的种子萌发、花芽分化和根系生长发育等。薄壳山

核桃对温度因子的要求为年平均温度13~20℃。夏季平均温度24~30℃且昼夜温差小的区域较适宜薄壳山核桃生长结实,我国南宁地区曾两次引种薄壳山核桃均失败,可能原因是夏季平均气温过高。薄壳山核桃能耐受的极端高温为46.5℃,在引种成功的地区高温不是薄壳山核桃的限制因子。薄壳山核桃在冬季有长达近4个月的休眠期(12月至翌年3月),要求冬季平均温度-1~10℃,1月平均温度4~12℃,最低温-30~-8℃,≤7.2℃的寒冷度不得少于500~750小时,无霜期180~280天。薄壳山核桃原产地来源不同的品种对温度的要求有一些差异,南方品种对夏季均温及积温要求较高,能耐受的低温极限为-18℃;北方品种对夏季高温无特殊要求,能耐受-29℃低温;东部品种能耐受极端低温;西部品种能耐受-29℃低温。为了植株的正常生长,引种栽培时应比极限低温要高。在冬季薄壳山核桃要经历足够时间的低温,用于打破树体的休眠,促使种子正常萌发,植株正常萌芽展叶,花芽分化。若冬季的寒冷度偏低或无霜期>300天会影响树体的生长、开花,最终导致结实不正常。无霜期反映生长季长短,美国大部分薄壳山核桃商业品种的无霜期要求在180~220天,少量的北方品种生长期也要高于170天,否则树体虽生长良好但坚果难以成熟,美国主要生产商业基地的生长期可达240~280天,我国南方如广州、南宁、福州、台北、海口等地区的无霜期>300天,低温成为限制因子,这些区域的薄壳山核桃不能作为果用林发展。生长季热量也是影响坚果发育的重要因素,一般用≥10℃积温表示,积温越高坚果生长发育所需的热量就多。4~10月是薄壳山核桃的坚果生长季,薄壳山核桃要求生长季≥10℃的年积温为3300~5400℃,南方品种要求≥10℃积温较高,北方品种要求可低一些。在美国得克萨斯的高海拔地区普莱恩维尤(Plainview)、加利福尼亚北部的萨克拉门托(Sacramento),由于年积温偏低,结实困难或坚果不能成熟,因此无法发展果用薄壳山核桃产业。同样我国北方一些地区(如北京)由于热量低,生长期短,出现长树不结果的情况。

此外,薄壳山核桃根系的生长发育受到温度的影响。当土温低至-2℃时生长根或吸收根会被冻死,土温持续4天超过38℃也会导致其生长根及吸收根死亡,但对老根伤害小,土温达到45℃时全部根系会死亡。土温0~15℃时根系生长较慢,15~30℃时根系迅速生长,27~30℃时最适宜根系生长。

薄壳山核桃是一种喜光树种,光照对其生长发育的影响十分显著,有研究表明在日照较长的地区无性系植株栽后4~8年能正常结实,在日照不足的地区无性系不结实或结实少,而光照充足的地区4年生无性系就能结实。另外,种植在开梯林地山脚下的薄壳山核桃也因光照不足而长势很差。薄壳山核桃的栽培基地应选在阳坡或半阳坡,阳光充足、地形开阔的地方。若种植在阴坡或山谷则因光照时间短,树体生长不良,导致结实少或不结实。若种植在坡地上,则建议选择坡度不大于20°的坡地。

(二) 水分

薄壳山核桃在生长发育期间需要充足的水分以及一定的空气湿度条件，一般年均降水量在224~1626mm的区域均可种植，其中以年均降水量1000~1600mm，空气相对湿度55%以上的地区更为适宜。在一些较为干旱或半干旱的地区，如美国的西部和北部年降水量只有500~800mm，需要通过人工浇灌来满足薄壳山核桃对水分和湿度的需求，土壤过度干旱会增加土壤盐碱度，喷施锌肥会改善这一情况。在我国丘陵区种植薄壳山核桃也需注意水源条件。

我国26°~32°N的大部分省市的年降水量在970~1440mm，雨量指数(年降水量mm/年均温℃)是用作气候分类的量数，中国和美国的雨量指数分别为70.04和76.70，两者相差不大，说明我国长江中下游流域较适宜栽种美国山核桃。授粉期间雨水过多会影响花粉传播，导致授粉受阻，影响结实率。若果实膨大期和灌浆期雨水充足则果仁饱满、油脂含量高。虽然薄壳山核桃对温度和湿度有一定的要求，但是在高温高湿地方种植薄壳山核桃易促成病虫危害，尤其会引发黑斑病，严重影响树体的生长和结实。

(三) 土壤

土壤是决定引种地是否适合薄壳山核桃栽种的关键因素之一。受纬度、海拔、地形地貌以及气候因素影响，各地区的土壤条件较为复杂，在一定范围内土壤的类型多且相互穿插，对生产有限制作用是薄壳山核桃栽种园选址时首要考虑的因素之一。在适宜的气候因子的基础上重视土壤条件，引种栽培才有望成功。

一般而言，薄壳山核桃适宜在微酸或微碱性(pH 5.5~8.0)土壤中生长，中性(pH 6.5~7.0)土壤中表现更好。土层深厚(1~1.5m)、有机质丰富、土质疏松、肥水性能良好且地下水位较低(<3m)的冲积土或坡度小于15°的山地砂壤土或黏壤土最适合栽种薄壳山核桃。薄壳山核桃是深根性的高大乔木，主根可达3m以上，土层深厚才能利于形成庞大的根系，提供充足的营养。土壤结构不良会导致土壤易板结或透水性差，不利于运输水分和贮藏养分，在立地条件较差的地区必须做好肥水管理才能获取较好的产量。薄壳山核桃的根系的耐涝能力不强，在地下水位过高的地区根系的呼吸作用受抑，盛者可导致根系受到毒害甚至死亡。一般酸性土壤易板结，并且土壤中的微生物活性较弱，可添加石灰来调节土壤酸碱度。土壤偏碱会导致植株缺锌而引起丛叶病，解决土壤碱性过重的有效办法是常施锌肥。

美国的薄壳山核桃主产区以弱酸性至弱碱性的黄褐色壤质砂土和黏质砂土为

主,美洲产量较高的薄壳山核桃基地都选在土壤 pH 值偏碱性地区。我国秦岭淮河以南的亚热带地区以黄棕壤、黄壤和红壤为主,土壤类型多呈酸性,其中以红壤为主,其间夹杂弱碱性的石灰岩土壤,与原生境的土壤条件差异不大,有许多土壤类型较适合薄壳山核桃的生长。

四、自然和栽培分布

(一)国外分布

薄壳山核桃最早出现于墨西哥北部、美国得克萨斯州东部、俄克拉荷马州和密西西比河谷,主要分布在美国密西西比河流域,现分布北至印第安纳州、伊利诺伊州南部,南至佛罗里达州北部,西至加利福尼亚州,东至北卡罗来纳州,大约 20 个州均分布有薄壳山核桃,但主要集中在美国南部 15 个州进行商业种植,包括亚拉巴马州、阿肯色州、亚利桑那州、加利福尼亚州、佛罗里达州、乔治亚州、堪萨斯州、路易斯安那州、密苏里州、密西西比州、北卡罗来纳州、新墨西哥州、俄克拉荷马州、南卡罗来纳州和得克萨斯州,总面积约 130 万亩。

墨西哥种植区域主要位于北部五个省份,分别是 Chihuahua, Sonora, Coahuila, Durango 和 Nuevo león,其产量分别占墨西哥总产量的 65%,12%,10%,6% 和 3%(图 1-2)。

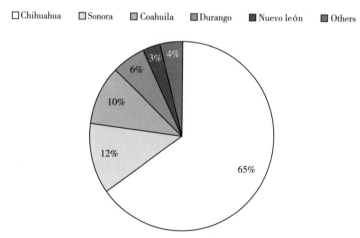

图 1-2 墨西哥主要种植区及产量占比

此外,南非、加拿大、印度、澳大利亚、以色列、西非、中国等都有引种。南非目前最大的种植区域位于 southern Lowveld,这里有 H. L. Hall and Sons 公司在内尔斯普雷特市开展商业种植,其他重要的生产地区包括 White River, Tzaneen, Louis Trichardt/Levubu, KwaZulu-Natal, the Vaalharts irrigation scheme,

Pretoria 周边中部地区和沿 Orange River 的部分地区。由于亚热带地区的高强度降雨和高湿度,导致病害成为当地的一个主要问题,因此都尽量种植抗病性好的品种。澳大利亚最大的薄壳山核桃种植区域主要位于新南威尔士州北部内陆,莫雷以东的 Gwydir Valley 能灌溉区域。较小规模的生产区域从新南威尔士州中部海岸的 Hunter Valley 和 Nelson Bay 延伸至肯普西附近的中北部海岸,以及利斯莫尔附近的北海岸。昆士兰州中部 Mundubbera 和 Eidsvold 附近,东南的 Lockyer Valley 和新南威尔士州以南都有种植。此外,南澳大利亚州和西澳大利亚州也有少量种植。

(二)国内分布

根据 R. Zhang 等的研究,中国山核桃广泛分布在我国 22 个省份,在湖南、江苏、安徽、江西等省均分布有 100 年树龄的薄壳山核桃古树。根据目前的表现,把分布区域划分为四个区,即最适宜区,种植薄壳山核桃的气候适宜,产量预计很高;适宜区,薄壳山核桃可以正常生长,并有可能获得良好的产量;边缘区,薄壳山核桃可以存活,但产量很低;不适宜区,气候不适合薄壳山核桃生长发育。浙江省临安市是薄壳山核桃加工的主要城市。薄壳山核桃如果作为景观、绿化或用材树种,在适宜区、次适宜区、边缘区都可以栽培,但是如果作为经济林树种,要考虑坚果产量时,就一定要在最适宜区或者适宜区,在一些小气候适宜区域也必须注意选用适宜的品种,并配合相关的栽培技术措施。

目前,普遍认为薄壳山核桃在中国的主适生区位于 $25°\sim35°N$,$100°\sim122°E$ 的亚热带东部和长江流域,包括江苏、上海、浙江、福建、重庆、安徽全部,江西、湖南、湖北大部分地区和贵州东北部、四川东部和南部以及河南南阳、驻马店以南的部分地区。北部次适生区包括山东全部和河北(石家庄以南)、河南(南阳、驻马店以北)、湖北(十堰以北)和陕西(西安以南部分地区)。南部次适生区包括贵州大部分地区和云南(大理以南,景洪以北,宾川、华坪以东)、广东(韶关、南雄以北)和广西(桂林以北)的部分地区。云南省的初步引种证明,薄壳山核桃发展具有极大的潜力。边缘区包括北方和南方两部分。北方边缘区包括天津、北京全部和辽宁(辽东湾)、河北(石家庄以北)、山西(太原以南)、陕西(延安以南,西安以北)、甘肃(兰州以南)和四川(松潘)部分地区。南方边缘区包括云南(景洪以南)、广西(桂林以南,柳州以北)、广东(韶关、南雄以南,英德以北)和台湾(台北以北)的部分地区(黄坚钦,2020)。

五、生产情况

根据美国国家农业统计局(NASS)的数据,全球薄壳山核桃产量在 2019 年达到了147222mts 的峰值，主要集中在美国和墨西哥，这两个国家占世界总产量的90%或更多。2018 年美国薄壳山核桃产量达到99450t 的峰值，2019 年显著增加到119250t，美国薄壳山核桃占全球薄壳山核桃产量的近80%，此外，根据美国农业部公布的数据，2018—2019 年，美国市场冷藏库的去壳山核桃库存大幅增长了27%。墨西哥种植区域主要位于北部四个省份，2017 年总产量为133289t，主要是 Chihuahua，Sonora，Coahuila，Durango 和 Nuevo león 5 个省份生产，其产量分别占墨西哥总产量的65%、12%、10%、6%和3%。COMENUEZ（墨西哥薄壳山核桃种植业机构）预测到2022 年，墨西哥山核桃总产量将达到15 万 t，届时墨西哥的薄壳山核桃产量占全球薄壳山核桃总产量的50%以上。此外，根据目前南非薄壳山核桃生产者协会（SAPPA）的估计，有62500~75000acre 的薄壳山核桃种植在南非。2017 年南非生产了16510t 薄壳山核桃，到2021 年，预计涨幅为35%，约40000t。其他产区产量，如澳大利亚2505t，秘鲁2400t，阿根廷1100t。Alfonso Visser 报告预测，未来五年，全球薄壳山核桃产量将以每年6.5%的速度增长，尽管如此，全球市场仍供不应求。据统计，中国现有栽培面积约20 万 hm^2，以江苏、浙江、安徽和云南发展最快，其次是陕西、福建、江西和湖南，其中安徽省全省种植面积超过10 万亩。

六、消费情况

美国不仅是最大的薄壳山核桃生产国，也是最大的薄壳山核桃消费国，2016 年消费量为64988t。尽管美国是世界上最大的薄壳山核桃生产国，但需求往往高于产量，迫使美国进口更多薄壳山核桃，尤其是从墨西哥进口。墨西哥是仅次于美国的第二大薄壳山核桃生产国和消费国，2016 年墨西哥人消耗了33358t 薄壳山核桃。加拿大、英国的薄壳山核桃大部分来自美国（表 1-2）。

表 1-2 薄壳山核桃主要消费国 2016 年消费量

名次	国家	消费量(t)	名次	国家	消费量(t)
1	United States	64988	6	China	2155
2	Mexico	33358	7	Israel	1531
3	Canada	5509	8	France	999
4	Netherlands	4156	9	Australia	892
5	United Kingdom	2560	10	Germany	833

（据 https：//www.worldatlas.com/articles/top-pecan-consuming-countries.html）

中国主要依靠进口来满足国内需求，是仅次于美国的第二大进口国，2019 年，中国进口山核桃总量大幅上升，为46862t。受中美贸易争端影响，中国转向其他国家进口了更多的薄壳山核桃。墨西哥一跃成为中国薄壳山核桃进口量最大的国家，2019年中国进口了18554t的墨西哥薄壳山核桃；南非仅次于墨西哥，进口量为15222t。南非成为薄壳山核桃产量大国，2017年约80%的南非薄壳山核桃出口至中国，出口量约为13330t，仅次于美国的35000t，已超越墨西哥成为中国市场第二大薄壳山核桃供应国。据预测，未来南非薄壳山核桃对中国的出口量将持续增加。首先，南非生产成本较低，不到美国的60%和墨西哥的75%；其次，南非薄壳山核桃产量稳定，品质优异；最后，检验程序严格，食品安全追溯系统完善，小农场经营管理精良（约89%的农民每年生产少于25t）。到2021年，预计产生经济效益的山核桃种植面积将扩大50%~60%，到2027年总产量有望达到110000t，有潜力超越美国，进一步扩大对中国市场山核桃的出口量(图1-3)。

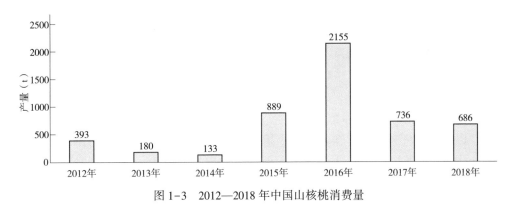

图1-3　2012—2018年中国山核桃消费量

七、发展与国内引种历史

(一)发展历史

薄壳山核桃经历了悠久的传播和栽培历史，墨西哥北部是薄壳山核桃的起源地，这是学者们一致认可的。当欧洲的移民在北美洲大陆登陆时，薄壳山核桃的种植面积就从墨西哥北部开始延伸，穿过了美国得克萨斯州南部与中部，东至密西西比河，上游直至俄亥俄州流域。在美国的印第安人穿越密西西比河流域期间可能有意无意带动薄壳山核桃的种植。早期的欧洲探索者发现这些地区的印第安人会贮藏大量的薄壳山核桃来应对寒冬。第一个看到薄壳山核桃的人可能是一个西班牙探索者，此人名为Alvar Nunez' Cabeza de Vaca，500年前他在日记中记录了薄壳山核桃的相关情况。Alvar Nunez' Cabeza de Vaca在美国得克萨斯州海域遭遇海难，获救后在1528—1543年成为印第安人的奴隶，他在日记中记录，印第安人大多数集中在河谷地区，在秋天收获薄壳山核桃种子，用来维持接下来的

4个月生活。薄壳山核桃(pecan)来源于它的印第安名字(pcgan),意为"骨质的坚壳",在接下来近两个世纪欧洲探索者远征的过程中,薄壳山核桃(pecan)的名字逐渐由法语单词(pecane)和西班牙语单词(pecanos)发展而来。

美国第一任总统乔治·华盛顿(George Washington,1732—1799,任期为1789年4月30日至1797年3月4日)和第三任总统托马斯·杰斐逊(Thomas Jefferson,1743—1826,任期为1801年3月4日至1809年3月4日),是美国的奠基人,也是来自弗吉尼亚的薄壳山核桃种植者,他们都认为薄壳山核桃将成为美国农业中不可或缺的一部分。乔治·华盛顿热衷于发现可种植的新植物,在1775年,美国独立的前一年,他在自己的庄园Mount Vernon种植了24株薄壳山核桃树,有一部分树是他的朋友托马斯·杰斐逊赠送给他的"illinois nuts",这些树有的一直活到了1974年。根据托马斯·杰斐逊的日记,从1760年至他去世的前几年,他持续在自己的庄园(Mounticello)种植薄壳山核桃。在1781年,他赋予薄壳山核桃植物学名字(Carya illinoensis)。在1786年至1787年春,当时的美国驻法国大使、未来的美国总统托马斯·杰斐逊在法国南部和西部以及意大利北部旅行了3个月,在Château公园种植了一棵薄壳山核桃,这棵树已经有两个多世纪的历史。在1800年早期,经过改良的薄壳山核桃品种首次在美国出现。在此期间,以提高质量为目的,在实生苗上进行了大量的嫁接试验。薄壳山核桃在19世纪作为农产品应用推广十分缓慢,但是在稳定的增长中,1899年美国薄壳山核桃产量达到1450t。在总产量中,得克萨斯州贡献了810t。20世纪以来,美国薄壳山核桃产业逐渐发展壮大。1899—1949年,在近50年的时间里薄壳山核桃产量增长了200倍。1950年美国南方的农业研究所就开始进行新品种的试验,有1500余个在美国的野生种和人工培育的品种,这些品种得到了长期的政府支持。目前研究者还在继续研究提高薄壳山核桃产量的方法。

(二)国内引种历史

中国引种薄壳山核桃大约起始于19世纪末,主要从原产地美国直接引种和从他国或国内间接引种。据文献记载,1890年江西省开始引种,是我国最早引种该树种的省份之一。当时主要由华侨、留学生、西方传教士、文化交流人士、外交官、商人等从原产国带进种子,栽植在沿海通商城市、教堂、教会学校、医院、宅院周围,多呈零星分布状态,作为观赏木或庭园绿化树种,目前在风景区、码头、宅院等分布的古树就说明了这一点(图1-4)。张日清等把该阶段称为"自发引种阶段"(19世纪末至20世纪初)。20世纪20年代开始,直到中华人民共和国成立前夕的近30年,以金陵大学(后主要并入南京大学)为代表的单位开始了正式引种阶段。其主要引入种子并开展育苗,作为园林绿化树种、干果树种栽培在校园、农场、试验基地等，后来逐步在周边地区和长江流域地区有所推广，现保存有小面积成片的林分多处。20世纪五六十年代，为了响应国家城市绿化和经济林果相结合的号召，南京市园林局、中央林业试验所等单位引进薄壳山核桃种子进行苗木繁殖，种植在街道、市区以及行政楼等。随后，科研工作者开始重视薄壳山核桃作为经济林的价值，浙江等省也进行了多次国际、国内的薄壳山核桃引种试验，栽培范围主要集中在长江流域的10多个省、市，后来面积和范围逐渐扩大，然而目前保存的面积和数量不多。法国植物病理学家1965年访华时，赠送了两个品种的苗木（分别为Mahan和Elisbe），并分散到浙江、广东、福建等地进行种植，随后被多地种植。

20世纪70年代末以后，随着我国综合国力增强，国际交流增多，国际国

图1-4　南京中山陵薄壳山核桃古树

内引种驯化工作日趋广泛，20世纪80年代前后，我国林业系统开始进入自觉引种的高级阶段。浙江林学院1978—1979年从美国得克萨斯州的薄壳山核桃试验站引进11个品种的种子与4个品种的接穗，开启了我国从原产地规模化引种的序幕，育苗后定植在浙江林学院的实验基地中。江苏省植物研究所孙醉君等于1983年从美国引进14个薄壳山核桃品种的接穗，并嫁接成活。1991—1992年，中国林业科学研究院从美国内布拉斯加州立大学引进16个品种的穗条，嫁接在浙江余杭长乐林场的薄壳山核桃资源圃内。1993—2001年，陆续从内布拉斯加、密苏里等州引进北方型品种30多个，并分别嫁接在北京、河南郑州、洛宁和山西晋城等地。中南林学院获得首个国家"948"引种课题"薄壳山核桃新品种及栽培经营技术引进"，并得到湖南省教育厅和林业厅资助，在1996—1999年从美国引进了30个品种的种子和穗条，分别嫁接在湖南、江西、浙江和云南等协作点。2000—2001年安徽农业大学吴泽民等从美国引进27个品种，分散种植于安徽省合肥、港山和江苏南京等地。据相关资料不完全统计，目前，通过中国林业科学研究院亚热带林业研究所、南京林业大学、中南林业科技大学等单位的引种工

作，国内引进保存品种超过 70 个，通过多地多年的对比试验，筛选出薄壳山核桃'马汉'（Mahan）、'特贾斯'（Tejas）、'波尼'（Pawnee）等适宜中国发展的品种，产业范围正逐步扩大。

在开展薄壳山核桃引种工作的同时，我国广大科技工作者积极开展生长特性、经济性状、生长适应性等方面的研究，并开展了良种选育工作。先后有浙江农学院 1957 年选育的'钟山''莫愁'等品种；江苏省中国科学院植物研究所 1978 年选育的'中山'等品种；南京林业大学 1979 年选育的'南京 1 号'等品种；安徽黄山林科所选育的'黄山 1 号'；中国林业科学研究院亚热带林业研究所选育的'长林 13 号'等；江苏省农业科学院园艺研究所选育的'茅山 1 号'。目前已有一些品种表现出较好的丰产性、抗病性等性状，并逐步开展大面积推广。

八、发展建议

（一）加大科学研究投入

当前，各地虽然开展了薄壳山核桃的相关研究，在很多方面取得突破，比如 2019 年黄坚钦课题组在 *GigaScience* 以"The genomes of pecan and Chinese hickory provide insights into Carya evolution and nut nutrition"为题发布了薄壳山核桃基因组研究。但是还有很多关键理论和技术问题没有突破，比如早实性问题，薄壳山核桃实生苗通常需要 10~15 年才开始结果，而且很容易产生大小年现象，极大影响了林农的积极性，因此需要在良种选育上下功夫，目前早熟品种有'绍兴''波尼''卡多'和'马罕'等。此外，还要在栽培技术上进行突破，比如修剪、环剥、摘心等技术措施是否能够影响山核桃的成熟和产量。目前在一些新造示范林中，开展早熟丰产栽培技术研发，可以实现薄壳山核桃种植 5 年内开始结果，8 年达到一定的产量水平。因此，要进一步开展薄壳山核桃优异种质发掘、评价、创制研究，实现良种本地化，重点开展薄壳山核桃产量、品质形成与调控机制研究，加快薄壳山核桃产业相关机械设备引进和研发，实现薄壳山核桃机械化、轻简化和智能化种植，扩大薄壳山核桃产品多样性，极大提高种植效益。

（二）加强示范基地建设

薄壳山核桃大规模引进国内的时间还不长，据南京林业大学资料显示，中国约保存了 67 个引进的薄壳山核桃品种，有 50 多个品种在国内进行种苗培育，由于薄壳山核桃投产期长，这些品种还没有经过充分调查和区域适应性、丰产性、稳产性、抗逆性等测试，因此利用这些所谓的"新品种"建设的示范基地的效果还不明显。我国薄壳山核桃苗木培育工厂化体系还不完善，在大多数薄壳山核桃苗圃，砧木需要培育3~4年才可以嫁接，嫁接后至少要再生长一个季节，因此至少需要4~5年才能生产出一棵可销售的苗木。大规格薄壳山核桃苗木的供应也很欠缺，大规格容器苗根系发达，生长势强，造林成活率高，缓苗期短，长势良好，投产期短，是发展薄壳山核桃的首选。然而，我国大规格薄壳山核桃苗还很少，满足不了示范基地的建设要求。因为排水良好的壤土洼地最适合种植薄壳山核桃，然而很多示范基地也达不到这个要求。此外，相关技术体系还不完备，比如矮化品种高密度种植、农林复合经营、品种配置、整形修剪等都还有待进一步研究。因此，建设高标准示范基地势在必行，让林农"看得见、摸得着、学得会"，以点带面，辐射带动薄壳山核桃产业发展。

（三）加大技术培训力度

让薄壳山核桃种植者掌握相关技术，是提高种植业水平、保障薄壳山核桃产业发展的有效手段。当前，薄壳山核桃产业处于方兴未艾的发展阶段，而大部分种植者还不了解薄壳山核桃，或者处于盲目种植阶段，因此，有必要在薄壳山核桃发展重点地区建设好示范基地，加快相关科研成果的转化，开展会议培训、田间指导等多种形式的技术培训，提供科技咨询、科技支撑等科技服务，积极开展良种生物学特性、良种识别、良种培育、种苗繁育、丰产栽培、抚育管理、病虫害防治等配套栽培技术培训，真正让农民掌握并运用到生产实践中，切实提高我国薄壳山核桃产业的种植水平，促进我国薄壳山核桃产业的健康发展。

参考文献

[1] Rui Zhang, Fangren Peng, Yongrong Li. Pecan production in China[J]. Scientia Horticulturae, 2015, 197: 719-727.

[2] 黄坚钦. 中国主要树种造林技术[M]. 北京：中国林业出版社, 2020.

[3] 张日清, 李江, 吕芳德, 等. 我国引种美国山核桃历程及资源现状研究[J]. 经济林研究, 2003, 21(4): 107-109.

[4] Youjun Huang, Lihong Xiao, Zhongren Zhang et al. The genomes of pecan and Chinese hickory provide insights into Carya evolution and nut nutrition[J]. GigaScience, 2019, 8: 1-17.

[5] 谭晓风, 李新岗, 李建安, 等. 经济林学科方向预测及其技术路线图[J]. 中南林业科技大学学报, 2020, 40(1): 1-8.

[6] 彭方仁. 美国薄壳山核桃产业发展现状及对我国的启示[J]. 林业科技开发, 2014, 28(6): 1-5.

[7]陈文静,刘翔如,邓秋菊,等.薄壳山核桃果实发育及脂肪酸累积变化规律[J].经济林研究,2016,34(2):50-55.
[8]于敏,徐宏化,王正加,等.6个薄壳山核桃品种的形态及营养成分分析[J].中国粮油学报,2013,12:74-77.

第二章　薄壳山核桃品种

一、概述

在广大林业科技工作者的努力下，中国林业科学研究院亚热带林业研究所、中南林业科技大学等单位开展了薄壳山核桃品种引进和良种选育工作，筛选出适宜各地栽培的良种并开展了示范推广工作。据不完全统计，目前引进'Mahan'（马罕）、'Pawnee'（波尼）等国外品种70余个，在国内选育"亚林20号"等良种也多达40余个，这些品种都可以为各地发展薄壳山核桃产业提供选择。需要注意的是，薄壳山核桃产业投资期和受益期均较长，品种如果选择不当，将造成极大的经济损失，而且持续时间很长，可能影响百年左右和几代人的经济利益。薄壳山核桃的品种很多，其产量和质量受到栽植地区、气候、管理等多方面影响，同一品种丰产性、稳产性、抗逆性等在不同的区域均表现不同，目前很多品种还没有完成区域化试验，因此选择品种时一定要慎重。在发展薄壳山核桃产业时，要因地制宜选品种，注重品种搭配。一是在选择品种时，尽量使用经国家林业和草原局或者各省级林业主管部门审定或者推荐的品种。如果没有，即可以选择在当地有较大面积栽培且表现优良的品种。二是要注意苗木质量，一定要到信誉度高的可靠育苗企业购买苗木，避免购买假冒伪劣苗木，且购买苗木时，注意品种纯度、苗木规格等核心指标，尽量选择大规格容器苗造林，既减少幼林管理成本，也缩短投产期。三是要注意栽植技术，保证成活率，良种和良法配套才能取得预期的效果。在本章中，作者根据相关资料并结合生产实际，介绍了部分国外选育的品种和国内选育的品种，因随着观测和研究的深入，介绍的相关品种信息不一定完整和完全准确，读者在购买品种时可以向选育单位索取准确和最新资料。

二、国外品种

1. 'Baker'（贝克）

'Baker'（贝克）是从国外引种的薄壳山核桃品种。2013年，通过我国云南省林木良种审定委员会审定。

'Baker'（贝克）属于雌先型、早实丰产型品种。3月中旬芽萌动，两性花花期不相遇，雌花盛花期4月中旬，花期8~11天，雄花盛花期4月下旬，花期7~

10天。嫁接苗定植后第3至第4年开始结果,10月上旬坚果成熟,11月中下旬落叶。坚果呈椭球形,平均粒重4.8g,纵径3.52cm,横径1.94cm。壳呈灰白色,表面平滑(图2-1);果顶钝尖、稍歪、凹陷,底钝圆;核仁金黄,内脊沟窄,出仁率56%,核仁含粗脂肪76.45%,脂肪中油酸含量占63.68%,亚油酸含量占25.20%,亚麻酸含量占2.07%。生产上可配置品种有'Pawnee'(波尼)等。

图2-1 'Baker'(贝克)的果实和种子

2. 'Barton'(巴顿)

'Barton'(巴顿)由品种'Moore'(摩尔)和'Success'(萨塞斯)杂交选育而来,杂交试验由L. D. Romberg于1937年在得克萨斯州完成,1944年开始结果,于1953年发布并命名为'Barton'(巴顿),这是第一个由美国农业部发布的品种。

'Barton'(巴顿)属于雌先型品种,树体较矮化,适宜密植,树干深褐色,树皮片状开裂脱落,成熟的1年生枝呈灰色,枝条细密,芽卵形,黄褐色,被柔毛,坚果小,短椭球形,果顶钝尖,底钝圆,被淡黄色腺鳞;萌芽迟、早熟,坚果大时呈椭圆形,果顶钝,果基尖,横切面圆形,坚果基部的缝合线色暗。核仁次脊沟较深、色泽光亮、口感细腻,百粒重667g,出仁率50%,其中果仁品质分类中优良占16%,合格占28%,劣等占10%。6年生树进入初产期,产量约1080kg/hm²,丰产性好,15年生树进入盛产期,产量达8000kg/hm²;'Barton'(巴顿)抗疮痂病能力很强,但会出现大小年现象。因其抗疮痂病能力强、树势健壮以及早熟等特性,在育种中经常使用。可配置品种'Caddo'(卡多)。

3. 'Caddo'(卡多)

'Caddo'(卡多)由美国佐治亚州薄壳山核桃试验站在1922年或1923年通过品种'Brooks'(布鲁克斯)和'Alley'(艾利)杂交育成并于1968年发布。

'Caddo'(卡多)在国内表现为:3月中下旬芽萌动,月底展叶,雄花期4月中下旬,雌花期4月下旬至5月上旬,雄花末期与雌花早期可短暂重合,属于早熟品种,坚果于10月上中旬成熟,11月下旬落叶。'Caddo'(卡多)坚果呈长椭圆形,趋橄榄形(图2-2),果基、果顶锐尖,百粒重677g;出仁率54%~57%,核仁细长、色泽金黄,品质佳,其中果仁品质分类中优良占34%,合格占18%,劣等占2%。'Caddo'(卡多)与许多品种不同的是,当成熟果树产量增加时,其核仁依然可保持高品质,并能持续保持高产,不像大多数早实品种那样出现严重大小年现象。该品种树姿开张,5~6年生树平均株产2.6kg,7~9年生树平均株产9.6kg。然而,'Caddo'(卡多)不是没有缺点,其最大缺点就是坚果较小。'Caddo'(卡多)保留了母本'Brooks'(布鲁克斯)足球状坚果特征,容易被乌鸦等鸟类偷食。'Caddo'(卡多)易得黑斑病,但采用标准喷雾防病虫害措施能够系统控制。一般在每年4月中旬至6月中旬,及时进行喷雾处理,轻度病株喷1~2次,中度病株喷2~3次。选用药剂为戊唑醇、腐霉利、咪鲜胺、嘧菌酯、喹啉铜等,也可选用其他三唑类杀菌剂及其复配制剂。此外,收获后及时清除落果、病果、僵果、枯枝落叶等,集中深埋、烧毁或清理出林间,减少林间病原菌,也是预防第二年黑斑病发生的有效手段。'Caddo'(卡多)属于雄先型品种,即花药比柱头先成熟,可配置'Elliot'(埃利奥特)、'Schley'(施莱)、'Kanza'(坎扎)、'Stuart'(斯图尔特)等品种。

图2-2 'Caddo'(卡多)的果实和种子

4. 'Cape Fear'(凯普·费尔)

'Cape Fear'(凯普·费尔)由北卡罗来纳州立大学园艺系的Smit博士选育成功的。该品种是从薄壳山核桃'Schley'(施莱)自然授粉后得到的实生后代中选育出来的,国内的品种由江苏省中国科学院植物研究所于1983年从美国引入。

'Cape Fear'(凯普·费尔)的坚果呈椭圆形,果基、果顶钝尖,果壳条斑状,百粒重824g，出仁率51%，核仁饱满、色泽金黄，其中果仁品质分类中优良占30%，合格占19%，劣等占1%。萌芽期为3月下旬，4月上旬至中旬展叶，果实在10月中下旬成熟，属于早熟品种，12月上旬落叶。'Cape Fear'（凯普·费尔）属于雄先型品种，雄花数量多，花序长，每个花序上约有123朵小花；雄花散粉期较早，散粉量大，有利于风媒传粉。在品种评估测试中，其幼树期间核仁产量仅次于'Candy'（坎迪）。嫁接苗定植后第4年出现雌花，并开始挂果，平均产量为0.26kg/株，第5年单株产量可达13kg，最高达18.5kg。'Cape Fear'（凯普·费尔）会出现大小年现象，也会因真菌性病害而提前落叶，但'Cape Fear'在多数地方对黑斑病有较强抵抗能力。一般与其配置的授粉品种为'Schley'（施莱）或'Stuart'（斯图尔特）。

5. 'Cheyenne'（切尼）

'Cheyenne'（切尼）是由美国农业部相关机构通过品种'Clark'（克拉克）和'Odom'（奥多姆）杂交育成，并于1970年发布该品种。

'Cheyenne'（切尼）属于雌先型品种，3月中旬芽萌动，3月末展叶，4月下旬雌雄花盛开，7~8月为果实速生期，成熟期为10月中下旬，11月中下旬至12月上旬落叶进入休眠。坚果呈卵椭圆形，果顶、果基钝尖，核仁乳黄色，易脱壳，百粒重698g，坚果平均粒重5.78g，三径均值2.71cm，出仁率56.0%，仁含粗脂肪71.6%、蛋白质13.4%。其中果仁品质分类中优良占34%，合格占17%，劣等占1%。'Cheyenne'（切尼）是一个低产品种，一部分原因是其树体比其他品种小，另一部分原因是它的大小年比较明显。其幼树核仁品质优良，但随着果树的衰老，果实品质会有所降低。'Cheyenne'（切尼）易患黄叶病和黑斑病，也容易遭受黑蚜的侵害导致疮痂病的发生。因树体矮小，'Cheyenne'（切尼）可进行矮化密植，但是'Cheyenne'（切尼）有着太多的缺点，不建议大面积推广种植，但是可以作为授粉品种使用。一般情况下可配置品种'Pawnee'（波尼）。

6. 'Choctaw'（切克特）

'Choctaw'（切克特）由品种'Success'（萨塞斯）和'Mahan'（马罕）杂交育成。1946年，L.D.Romberg在得克萨斯州布朗伍德的薄壳山核桃试验站完成了杂交实验，并于1959年将其命名及发布。有研究表明，它跟'Mohawk'（莫汉克）存在亲缘关系。

'Choctaw'（切克特）属雌先型品种，坚果呈卵圆至椭圆形，果顶钝，果基尖（图2-3），横切面圆形，缝合线不明显，百粒重825g，出仁率48%，核仁乳黄色至金黄色，脊沟浅。其中果仁品质分类中优良占11%，合格占27%，劣等占11%。'Choctaw'（切克特）是最早引入我国的薄壳山核桃品种之一，在湖南、湖北、江苏等地都进行过区域试验。吕芳德通过主成分分析法对湖南省怀化市靖州县种植的薄壳山核桃品种果实品质进行综合分析，发现在 17 个 12~13 年生测试品种中，'Choctaw'（切克特）表现最为优异。在湖北引种种植的'Choctaw'（切克特）可以与'Caddo'（卡多）、'Pawnee'（波尼）、'Shawnee'（肖肖尼）、'绍兴''金华'等品种相互授粉。多地区试验表明，'Choctaw'（切克特）在立地及肥水条件好的情况下果实产量比较高，可抗黑斑病。

图 2-3 'Choctaw'（切克特）的果实和种子

7. 'Creek'（克里克）

'Creek'（克里克）于 1961 年由 L. D. Romberg 通过 'Mohawk'（莫汉克）和'Starking HardyGiant'（斯达克·哈迪·恩特）杂交育成，最初被美国农业部作为'61-6-67'进行测试，于 1996 年被美国农业部及相关州立试验站发布。

'Creek'（克里克）早熟，结实快，产量水平中等，会出现大小年现象，在 10 月中旬左右成熟。坚果呈椭圆形，基部和先端尖锐，横切面圆形，百粒重 825g，质量一般，核仁呈金黄色，出仁率 48%，其中果仁品质分类中优良占 13%，合格占 31%，劣等占 4%。'Creek'（克里克）树形直立挺拔，抗病性、抗虫性良好，常用作美国东南地区果园早期阶段的临时栽培品种。

8. 'Desirable'（德西拉布）

'Desirable'（德西拉布）是最先通过人工杂交获得的薄壳山核桃品种之一，20 世纪 90 年代初期由 Carl F. Forkert 完成，其父母本可能是'Success'（萨塞斯）和'Jewett'（捷威特）。它在 1945 年被商业化生产，在 20 世纪 60 年代初期被广泛种植。

'Desirable'（德西拉布）属于雄先型品种，丰产稳产。3 月中旬芽萌动，3 月下旬展叶，4 月下旬雄花盛开，5 月上旬雌花盛开，7~8 月为果实速生期，成熟期为 10 月上旬，11 月中旬至 12 月上旬落叶进入休眠。'Desirable'（德西拉布）坚果中等大小,百粒重可达 1000g,坚果平均粒重 7.8g,纵径 4.2cm,横径 2.35cm。坚果呈椭圆形,果顶钝尖(图2-4),果实横切面圆形,果壳粗糙,核仁充实饱满,亮金色,品质优良,易脱壳,食味香醇,仁含粗脂肪 71.4%、蛋白质 15.3%。与现有的几个新品种相比,'Desirable'(德西拉布)拥有更高的出仁率,最高可达 55.4%,同时可持续产出高质量核仁。'Desirable'(德西拉布)是良好的早期授粉品种,中后期雌花可授,可用'Elliot'(埃利奥特)、'Kanza'(坎扎)、'Sioux'(西奥克斯)、'Sumner'(萨姆纳)和'Stuart'(斯图尔特)对其进行授粉。

'Desirable'(德西拉布)生长缓慢,与其他品种相比难以修剪成健壮树,果序中有自疏落果现象,每簇一般保持 2~3 个坚果,这个特性减轻了树体压力以及减少了交替结实现象的出现。'Desirable'(德西拉布)需要在整个生长季进行杀菌来控制黑斑病。可配置品种为'金华1号''绍兴1号'等品种。

图 2-4 'Desirable'(德西拉布)的果实和种子

9. 'ElMart'(埃尔马特)

'ElMart'(埃尔马特)是 Harold Graf 在得克萨斯州实生选育而来,种子来源于 Meinardus 1952 年种植的'Mahan'(马罕)。母树最初生长在沃尔玛超市附近,名字源于'ElCampo'和'Wal-Mart'的结合。

和'Mahan'(马罕)后代一样,'ElMartt'(埃尔马特)属于雌先型品种,早熟,10 月上旬成熟,坚果呈长椭圆形,果顶圆钝,果基锐尖,横截面圆形;百粒重 1106g,出仁率 60%,核仁金黄色,背脊宽,呈三角形,脊沟宽,基部裂开,腰部凹陷。

10. 'Elliott'(埃利奥特)

'Elliott'(埃利奥特)的母树是 Henry Elliot 于 1912 年种在佛罗里达州弥尔顿一处房屋草坪上的实生苗。20 世纪 60 年代早期,佐治亚推广服务中心在佐治亚州大面积推广种植。

'Elliott'(埃利奥特)属于雌先型品种,萌芽早,早熟。坚果呈椭圆形,果顶锐尖,果基圆,呈泪珠状(图2-5),易脱壳,百粒重589g。出仁率51%,品质优良,核仁饱满充实,色泽金黄,其中果仁品质分类中优良占37%,合格占13%,劣等占1%。风味受广大消费者喜爱,市场销量好。'Elliott'(埃利奥特)坚果很小,有大小年现象,但是有抗黑斑病、疮痂病的能力。因'Elliott'(埃利奥特)易受早霜以及冰冻的危害,建议不要种植在气候寒冷的北方或地势低洼地区。黄蚜危害也是该品种的一个难题,而且幼树需经历较长时间才能投产。在生产中,该品种种子经常被用作砧木。

图2-5 'Elliott'(埃利奥特)的果实和种子

11. 'Excel'(艾克奥)

'Excel'(艾克奥)是来源于佐治亚州皮尔斯县薄壳山核桃农场的一棵实生幼苗,1990年被发现,2004年由经营农场苗圃的Clough Andy申请为专利品种并推广。

'Excel'(艾克奥)属于大果型品种,坚果在10月中上旬成熟,易于储存。百粒重1008g,和'Desirable'(德西拉布)相似,壳厚,似品种'Gloria Grande'(格洛丽亚·格兰德),核仁饱满充实,形状优美,色泽金亮,出仁率50%,每棵树平均每年坚果产量13.6kg。嫁接的幼苗生长缓慢,因此幼树产量较低。'Excel'(艾克奥)属于雌先型品种,春季发芽和开花很晚,可用品种'Elliott'(埃利奥特)、'Gafford'(加福德)、'Kanza'(坎扎)、'Mandan'(马罕)、'Money Maker'(莫尼·梅克)、'Schley'(施莱)进行授粉,可以为'Desirable'(德西拉布)、'Caddo'(卡多)、'Gafford'(加福德)、'Mandan'(曼丹)等品种授粉。其坚果易于储存。'Excel'(艾克奥)是为数不多的大果型和高抗黑斑病能力的品种之一,可以很好地抵抗黑蚜和黄蚜的危害。

12. 'Forkert'（福克特）

'Forkert'（福克特）是由 C. F. Forkert 先生在密西西比州通过人工杂交育成，其父母本应该是'Success'（萨塞斯）和'Schley'（施莱）。由于 Forkert 先生的记录被毁坏，无法有确切的信息。1913 年播种了杂交种子，最终从后代中选出该品种，并于 1960 年进入商业化生产。

'Forkert'（福克特）属于大果型品种，坚果呈长椭圆形，果顶尖，果基钝，横切面圆形，壳薄、粗糙、凹凸不平，表面有显著的暗色条斑（图 2-6）。百粒重 856g，坚果质量优良，出仁率 58%，核仁乳黄至金黄色，脊沟深而窄，易脱壳，其中果仁品质分类中优良占 39%，合格占 17%，劣等占 2%。'Forkert'（福克特）属于雌先型品种，可用'Cape Fear'（凯普·费尔）和'Elliot'（埃利奥特）给其授粉。'Forkert'（福克特）结实晚，10 月中下旬成熟，在第 1~10 年每棵果树均产 1.9kg 核仁。然而，成熟的'Forkert'（福克特）果树产量较高，第 11~20 年每棵果树均产 10.4kg 核仁。'Forkert'（福克特）核仁有一个缺点，就是其背部和腹部附着紧密的凹槽，会使包装材料嵌入核仁。另外，'Forkert'（福克特）也易感疮痂病和黑蚜，因此要注意病虫害防治。

图 2-6　'Forkert'（福克特）的果实和种子

13. 'GraCross'（格拉克拉斯）

'GraCross'（格拉克拉斯）是从得克萨斯州的一个果园中的实生苗选育的。1950 年被发现，1978 年被发布，植物专利号 4236。

'GraCross'（格拉克拉斯）坚果呈长椭圆形，果顶、果基钝圆，果壳具有明显深色条纹，百粒重 1080g，出仁率 59%，核仁奶油色至金黄色，具明显条斑，脊沟宽而深，属于雌先型品种。

14. 'Gafford'(加福德)

'Gafford'(加福德)是生长在亚拉巴马州的幼苗,因其良好的抗虫性而被比尔·戈夫(Bill Goff)博士选中。

'Gafford'(加福德)的坚果质量一般,收获日期较晚,类似于'Sumner'(萨姆纳)。百粒重908g,出仁率50%。核仁颜色明亮,偶有斑点和绒毛出现。'Gafford'(加福德)的抗疮痂性较好,抗赤霉病能力强,不易遭受蚜虫危害,但与其他品种相比容易遭受螨虫危害。与'Cape Fear'(凯普·费尔)相似,'Gafford'(加福德)的花粉脱落时间较晚。'Gafford'一般配置'Excel'(艾克奥)、'Kanza'(坎扎)、'Kiowa'(金奥瓦)、'Lakota'(拉科塔)、'McMillan'(麦克米兰)、'Sumner'(萨姆纳)等予以授粉。虽然'Gafford'(加福德)的坚果比'McMillan'(麦克米兰)略大,并且果实交替现象较少,但'McMillan'(麦克米兰)比'Gafford'(加福德)结实早,并且核仁绒毛较少。

15. 'Jackson'(杰克逊)

'Jackson'(杰克逊)由'Success'(萨塞斯)和'Schley'(施莱)杂交获得,杂交试验在密西西比州Jackson县开展,1917年品种进行了释放。

'Jackson'(杰克逊)属于大果型、雄先型品种,10月24日左右成熟,坚果大且饱满充实,呈椭圆形,先端钝(几乎截形)并且有明显的深色斑点(图2-7),基部圆形,横切面圆形,百粒重1134g,出仁率53%,核仁色泽较深,一般呈长方形,颜色从金黄色到浅棕色,背侧有宽沟和宽的三角形背脊。其中果仁品质分类中优良占30%,合格占22%,劣等占1%。该品种抗疮痂病能力强,可以作为家庭果园品种和育种使用,因产量不高,较少用于规模化生产。

图2-7 'Jackson'(杰克逊)的种子

16. 'Kiowa'(金奥瓦)

'Kiowa'(金奥瓦)是由L. D. Romberg在得克萨斯州布朗伍德通过'Mahan'

('马罕)和'Desirable'(德西拉布)杂交育种而成,并于1976年由美国农业部发布。

'Kiowa'(金奥瓦)属于雌先型品种,早实稳产。3月中旬芽萌动,4月上旬展叶,4月下旬雌雄花盛开,雄花序呈细长形,雄花散粉较早,持续时间较长;雌花柱头呈红色,7~8月为果实速生期,成熟期为10月中下旬,11月中下旬至12月上旬落叶进入休眠期。坚果呈卵圆形,先端和基部钝,果顶钝尖,果基浑圆(图2-8),横切面圆形。核仁色泽金黄,食味香甜。百粒重1194g,坚果平均粒重7.0g,纵径4.2cm,横径2.35cm,出仁率56.8%,仁含粗脂肪71.8%、蛋白质13.3%,'Kiowa'(金奥瓦)比'Desirable'(德西拉布)早熟,可与其进行授粉,在生产中也可配置'Pawnee'(波尼)等品种。

图2-8 'Kiowa'(金奥瓦)的种子

17. 'Mahan'(马罕)

'Mahan'(马罕)母树是由J. M. Chestnutt于1910年在美国密西西比州阿塔拉县科西阿斯科种下的一颗种子发育成的实生苗。'Mahan'(马罕)是广泛应用于育种的亲本,现在生产中就有'Choctaw'(切克特)、'Kiowa'(金奥瓦)、'Mohawk'(莫汉克)、'Pawnee'(波尼)、'Tejas'(特贾斯)、'Wichita'(威奇塔)、'Harper'(哈珀)和'Stuart'(斯图尔特)等亲系品种。'Mahan'(马罕)是最早引入我国的薄壳山核桃品种之一,在湖南、浙江、江苏、安徽、河南等省份作为大果型优良品种被广泛种植。

'Mahan'(马罕)属于雌先型品种,是坚果最大的品种之一。树势强盛,树枝半开张,分枝力中等,枝条中粗。开花期在5月中上旬,雌花盛花期比雄花盛花期早7~10天。果实成熟期在10月中旬至11月上旬,为中熟品种,盛果期株产量17~29kg。坚果呈长椭圆形,果顶尖,果基圆,中间细,坚果整体不对称(图2-9)。其果型大且外壳薄,百粒重907g,出仁率53%,其中果仁品质分类中优良占6%,合格占38%,劣等占9%。种仁含脂肪63%左右。'Mahan'(马罕)在

图 2-9 'Mahan'(马罕)的果实和种子

水肥管理不当的地区容易出现核仁不饱满的现象，导致它成为坚果不饱满的品种之一，产量也不高。'Mahan'(马罕)在 6~8 月容易产生落果现象，总落果率在 50%以上。'Mahan'(马罕)幼树时期产量较好，但是随着树龄的增加会出现不饱满及品质下降的现象，并且易感黑斑病。'Mahan'(马罕)在美国原产地丰产性能好，但引种国内后稳产性差，大小年现象比较明显。近年来，'Mahan'(马罕)在国内的种植面积明显减少，种植的企业和农户主要是因为该品种的坚果较大，或者作为配置授粉树栽植，其主要配置品种有'YLJ35 号''YLJ5 号''YLJ6 号'等。

18. 'Mandan'(曼丹)

'Mandan'(曼丹)于 1985 年由'BW-1'和'Osage'欧塞奇杂交育成，由美国农业部于 2009 年向所有薄壳山核桃种植地区释放。

'Mandan'(曼丹)早熟，在 10 月初成熟，比'Pawnee'(波尼)早 1 周左右。坚果呈长椭圆形，果顶钝圆，果基圆，横切面扁平。百粒重 926g，出仁率 57%，易被剥壳成两半，核仁呈奶油色至金黄色，具有圆形背脊。'Mandan'(曼丹)属于雄先型品种，是良好的授粉树种，雌蕊柱头可授性与'Pawnee'(波尼)和'Desirable'(德西拉布)相似，可以配置'Kanza'(坎扎)、'Wichita'(威奇塔)、'Lakota'(拉科塔)等品种。'Mandan'(曼丹)树形高大，适宜机械化种植，其抗疮痂病能力强，易受蚜虫危害。

19. 'Melrose'(梅尔罗斯)

'Melrose'(梅尔罗斯)最初是在路易斯安那州发现的实生幼苗，于 1979 年由路易斯安那州试验站发布并命名。

'Melrose'(梅尔罗斯)幼树的产量很低，但成熟树拥有中等产量，平均成熟期很迟，约 10 月 28 日。坚果呈长圆形，先端锐尖，基部尖(图 2-10)，横切面圆形,百粒重677g,核仁呈金黄至浅棕色,背侧有宽沟,出仁率52%,其中果仁品质分类中优良占19%,合格占31%,劣等占2%。'Melrose'(梅尔罗斯)随着果树的成熟,大小年逐渐明显,坚果质量逐渐下降。'Melrose'(梅尔罗斯)的核仁颜色比'Desirable'(德西拉布)或'Stuart'(斯图尔特)更深暗些。在某些地区,'Melrose'(梅尔罗斯)抗疮痂病能力很强。

图2-10 'Melrose'(梅尔罗斯)的种子

20. 'Mississippi'(密西西比)

密西西比属于雌先型品种,生长旺盛,树形开张,果实丛生性好,成花能力强,但自花结实不强,可作主栽或授粉品种;坚果呈长椭圆形,果顶钝尖,果基圆(图2-11),9月下旬至10月上旬果实成熟,平均单果重9.86g,出仁率51.3%~56.2%,核仁较饱满、浅黄色,易取整核,口味香甜;嫁接苗定植后8年进入盛产期,株产可达4.5~5.5kg。

图2-11 'Mississippi'(密西西比)的果实和种子

栽培技术要点:选择土层较深厚、肥沃、通透性好的中性或微酸性砂性土壤或冲积土建园,嫁接苗栽植,选用'波尼''Candy'等品种作为授粉品种,隔株栽植，果园化培管，定干高度60~100cm，整形修剪成主干疏层形或开心形；初植密度(4~5m)×(5~6m)，22~33株/亩，适时间伐，及时施肥和防治病虫害。

21. 'Mohawk'（莫汉克）

'Mohawk'（莫汉克）跟'Choctaw'（切克特）一样，由品种'Success'（萨塞斯）和'Mahan'（马罕）杂交育成。杂交试验由L. D. Romberg于1946年在得克萨斯州薄壳山核桃试验站完成。于1965年由L. D. Romberg和G. D. Madden发布。'Mohawk'（莫汉克）是'Pawnee'（波尼）的母本。

'Mohawk'（莫汉克）结实极其不规律，坚果大但不饱满，出仁率高但核仁品质低。坚果呈长圆形，具钝的先端和基部，横截面稍扁平，外壳粗糙，具深色条纹。百粒重高达1008g，核仁呈金色至浅棕色，出仁率52%。其中核仁品质分类中优良占8%，合格占32%，劣等占12%。'Mohawk'（莫汉克）在我国引种较少，一般作为种质资源收集。通过观察'Mohawk'（莫汉克）雌花开花过程发现，'Mohawk'（莫汉克）雌花柱头较小，表面较为光滑，而且柱头颜色为独特的酒红色，这一点可以作为区分'Mohawk'（莫汉克）和其他品种的依据。'Mohawk'（莫汉克）易感疮痂病。

22. 'Money Maker'（莫尼·梅克）

'Money Maker'（莫尼·梅克）于1885年在得克萨斯州由S. H. James和Mound L. A. 从实生苗中选育而来，1896年被命名，1898年进行商业化种植。

'Money Maker'（莫尼·梅克）属于雌先型品种，早熟丰产。雄花散粉期居中，坚果呈卵椭圆形，果顶、果基钝圆，横切面圆形，壳厚，百粒重667g，出仁率44%，核仁通常充实饱满、浅棕色，主脊沟浅，次脊沟明显，具皱纹，比重很高，其中果仁品质分类中优良占6%，合格占32%，劣等占7%。树形开张，复叶叶轴和小叶间距非常宽，便于喷雾。'Money Maker'（莫尼·梅克）早熟，抗疮痂病能力强，大小年结实现象显著，核仁品质低于许多新品种。

23. 'Nacono'（纳克罗）

薄壳山核桃'Nacono'（纳克罗）由E. J. Brown和G. D. Madden于1974年通过控制'Cheyenne'（切尼）和'Sioux'（西奥克斯）杂交授粉育成，于2000年由美国农业部发布。

'Nacono'（纳克罗）属于雌先型品种，早熟，在10月6日左右成熟，早期高产潜力大，可以通过疏花疏果使坚果保持优良品质，每棵树平均每年坚果产量9.9kg，坚果易剥成两半，并且具有吸引力。坚果呈长圆形，先端锐尖，基部渐尖，横切面圆形，百粒重1080g，核仁呈奶油色至金黄色，背沟浅，背脊呈圆形，出仁率53%，因果型大、品质高而被关注。'Nacono'（纳克罗）具有亲本'Cheyenne'（切尼）树体小的特征，因早期产量高容易导致枝干受损，会出现大小年现象。'Nacono'(纳克罗)全年需要进行杀菌来控制疮痂病。生产中可用品种'Amling'(阿姆林)、'Byrd'(伯德)、'Desirable'(德西拉布)、'Mandan'(曼丹)和'Pawnee'(波尼)进行配置。

24. 'Oconee'(奥康纳)

'Oconee'(奥康纳)由品种'Schley'(施莱)和'Barton'(巴顿)杂交育成,于1989年由美国农业部和佐治亚州、路易斯安那州以及得克萨斯州农业试验站共同发布。

'Oconee'(奥康纳)属于雄先型品种,坚果呈椭圆形,果顶、果基钝圆(图2-12),横切面圆形,易脱壳。百粒重945g,出仁率53%,坚果大且核仁品质高,其中果仁品质分类中优良占30%,合格占21%,劣等占1%。'Oconee'(奥康纳)属于早熟品种,约在10月12日成熟。'Oconee'(奥康纳)第5年开始结果,10年前每棵树核仁均产3.0kg,树龄为11~20年时,'Oconee'(奥康纳)果树均产核仁9.0kg。每年控制产量有助于确保坚果大、核仁饱满充实,同时也可以减少大小年现象的出现。'Oconee'(奥康纳)也易感疮痂病,需要注意防治。

图2-12 'Oconee'(奥康纳)的果实和种子

25. 'Odom'(奥多姆)

'Odom'(奥多姆)最初是R.L.Odom种植在美国得克萨斯州的一棵实生幼苗,种子来源于密西西比州,于1920年被发现,1923年被选育。

'Odom'(奥多姆)坚果呈长椭圆形,果顶钝,果基钝圆,果形不对称,横切面圆形,果壳光滑,有深色条纹。百粒重1055g,出仁率56%,核仁色泽金黄,背槽宽,基底裂缝深且宽。'Odom'(奥多姆)是'Shoshoni'(肖肖尼)的母本,'Cheyenne'(切尼)的父本。'Odom'(奥多姆)易感疮痂病。

26.'Pawnee'(波尼)

'Pawnee'(波尼)于1963年由品种'Mohawk'(莫汉克)和'Starking Hardy Giant'(斯达克·哈迪·恩特)杂交育成。因其产量稳定,品质优良,在美国等地被广泛种植。'Pawnee'(波尼)最早由中国林业科学研究院引入我国,之后在江苏、湖南、湖北、云南、安徽、浙江等长江以南省份推广种植。

'Pawnee'(波尼)属于早实丰产型、雄先型品种,树干挺直,树体相对较小,适应性较强,抗逆性较好。在坚果中属偏大果型,果壳薄(图2-13),易于取仁,百粒重810g,单果重10.85g,出籽率33.34%,出仁率58.56%,含粗脂肪71.09%,总蛋白含量7.03%,总糖含量16.14%。核仁色泽光亮,品质出色。'Pawnee'(波尼)的花期较长,因不同地区受气候条件影响,花期为21天到1个月。雄花序为粗短型,雌花柱头为红棕色或紫红色,开裂不明显,整体呈圆突状,上面有3条明显的缢痕。如果果实储存不当或掉落后遭到雨淋,核仁会变色,所以需要及时收集果实来保持核仁的最优品质。

图2-13 'Pawnee'(波尼)的果实和种子

'Pawnee'(波尼)最显著的特点是果型较大和早熟,9月初就开始成熟,9月的第3周达到最佳采收期。'Pawnee'(波尼)在前十年平均产量大约是'Cape Fear'(开普费尔)的一半,第11~20年单株产量可达15~20kg/株。'Pawnee'(波尼)的大小年现象不明显,即使出现大小年的趋势,果实品质也不会下降。在水肥条件好的立地条件下,其百粒重量会增加。在集约化和标准化管理条件下,'Pawnee'(波尼)是一个集早熟、高产和优质的可选良种。由于'Pawnee'(波尼)的收获期长,很适合在庭院中栽植。

'Pawnee'(波尼)抗蚜虫能力强,但易患黑斑病,所以需常年喷洒杀菌剂。和'Desirable'(德西拉布)类似,'Pawnee'(波尼)属于雄先型品种,是一个良好的早期授粉树种,其自花结实能力也较强,可用品种'Cunard'(科纳德)、'Elliott'(埃利奥特)、'Kanza'(坎扎)、'Lakota'(拉科塔)、'McMillan'(麦克米兰)、'Morrill'(莫里尔)、'Schley'(施莱)、'Stuart'(斯图尔特)、'Sumner'(萨姆纳)和'Sioux'(西奥克斯)等品种配置。

27. 'Podsednik'(波德塞德尼克)

'Podsednik'(波德塞德尼克)最初是由 Robert Podsednik 先生于1968年种在得克萨斯州的实生幼苗。它是'Success'(萨塞斯)、'Mahan'(曼丹)、'Burkett'(巴克特)、'Stuart'(斯图尔特)4个品种的混合种子萌发的一株幼苗。1982年开始在得克萨斯州推广。

'Podsednik'(波德塞德尼克)坚果呈椭圆形，果顶、果基钝圆，横切面呈圆形，百粒重2062g，出仁率53%，核仁呈浅棕色，背部主脊沟宽，次脊沟明显；基部深裂，表面具暗色条斑。'Podsednik'(波德塞德尼克)属于雌先型品种，春季发芽迟，秋季落叶晚，复叶中小叶较大。因为坚果很大而受到大量关注。

28. 'Pyzner'(普兹列)

树体生长旺盛，树势半开张；奇数羽状复叶、互生、椭圆披针形；雌雄同株异花，属雄先型品种；外果皮具2纵棱，成熟时2瓣开裂，9月上旬果实成熟；坚果呈短圆形，先端尖锐，基部浑圆(图2-14)，平均单果重6.3g、核仁重3.4g，出仁率53%，核仁呈黄白色，易取整核，口味香甜；嫁接苗定植后8年进入盛产期，株产可达7~8kg。在栽培上需选择土层较深厚、肥沃、通透性好的中性或微酸性砂性土壤或冲积土建园，用于嫁接苗的栽植，与特贾斯等品种隔株混栽，果园化培管，定干高度60~100cm，整形修剪成主干疏层形或开心形树形；初植密度(4~5m)×(5~6m)，22~33株/亩，适时间伐，及时施肥和防治病虫害。

图2-14 'Pyzner'(普兹列)的果实和种子

29. 'Schley'(施莱)

'Schley'(施莱)是品种'Stuart'种子的实生幼苗，由 A. G. Delmas 先生于1881年种植，并于1900年开始推广传播，是美国东南地区最早种植的品种之一。

'Schley'(施莱)是很多薄壳山核桃品种的亲本,包括:'Apache'(阿帕奇),'Shawnee'(肖尼),'Hopi'(霍皮),'Sioux'(西奥克斯),'Oconee'(奥康纳)和'Cherokee'(切若克)等品种。

'Schley'(施莱)属于雌先型品种,坚果呈长椭圆形,果基、果顶锐尖,果形不对称,百粒重638g。核仁呈金黄色,脊沟较窄有凹槽,出仁率56%,其中果仁品质分类中优良占27%,合格占32%,劣等占5%。'Schley'(施莱)具有壳薄的优良特性,因此容易用手剥开,同时因为出仁率高、核仁油滑美味而备受人们喜爱,是果用林的极佳选择。不过,该品种极易感染黑斑病和溃疡病。

30. 'Shoshoni'(肖肖尼)

'Shoshoni'(肖肖尼)由品种'Odom'(奥多姆)和'Evers'(埃维尔)杂交育成,并于1972年由美国农业部发布。

'Shoshoni'(肖肖尼)属于早熟丰产型、雌先型品种,通常在十月第一周即可收获。'Shoshoni'(肖肖尼)幼树生长旺盛,枝条基部开角较小,果枝常下垂,易于存活。雌花可授期为5月1~5日,雄花散粉期为5月4~8日。果实11月上旬成熟,嫁接苗嫁接后3年结果,坚果呈短椭圆形,果大,果顶钝,果基钝圆(图2-15),易脱壳,百粒重768g,出仁率约50%,其中果仁品质分类中优良占15%,合格占32%,劣等占3%。坚果平均单果重10.77g,出籽率38.85%,含油率69.47%,总蛋白含量9.78%,总糖含量12.15%。'Shoshoni'(肖肖尼)的大小年现象明显,大年时坚果品质可能变差,主要缺点是易感染黑斑病,抗疮痂病能力较弱。该品种耐霜霉病,适应性较强,抗逆性较好,较耐热、抗旱,如若夏季大量进行疏果,可能会提高坚果产量及核仁品质。该品种种植时可以和'Tejas'(特贾斯)进行配置。

图2-15 'Shoshoni'(肖肖尼)的果实和种子

31. 'Sioux'(西奥克斯)

'Sioux'(西奥克斯)是由 L. D. Romberg 于 1943 年通过品种'Schley'(施莱)和'Carmichael'(卡米克尔)杂交育成。此品种在 1949 年第一次产果,1962 年由美国农业部命名并发布。

'Sioux'(西奥克斯)生长迅速,树体强健,多叶,果小,是坚果中重量最轻的品种之一,属于雌先型品种,在 10 月下旬成熟。坚果呈长椭圆形,果顶、果基锐尖,横切面呈圆形,壳薄,百粒重 604g,核仁饱满充实,色泽明亮呈金色,背侧沟狭窄,质地光滑,出仁率 57%,其中果仁品质分类中优良占 50%,合格占 7%,劣等占 0%,因其核仁品质高的优点,'Sioux'(西奥克斯)受到种植户广泛欢迎。'Sioux'(西奥克斯)通常会有大小年现象,难能可贵的是,即使在大年其核仁依然能保持高品质。在品种测试中,'Sioux'(西奥克斯)的核仁产量高于其他品种。不过'Sioux'(西奥克斯)易染黑斑病,抗疮痂病能力弱,对造林地环境条件、管理水平要求也相对较高。该品种种植时可以和'Pawnee'(波尼)、'Mahan'(马罕)、'Caddo'(卡多)等进行配置。

32. 'Stuart'(斯图尔特)

'Stuart'(斯图尔特)属于实生选育,它是 1874 年 J. R. Lassabe 用从亚拉巴马州获得的种子播种在帕斯卡吉拉后选育而来。随后,其所有权被上尉 E. Castanera 购买并选择了一株,最初被称为'Castanera'。这棵树后来被上校 Stuart(斯图尔特)传播,并于 1892 年在生产上用'Stuart'(斯图尔特)为名推广应用。有人推测,其改名可能是因为上校 Stuart 地位高于上尉 Castanera。

'Stuart'(斯图尔特)是美国东南部最知名并广泛种植的品种,它通常作为衡量其他品种的参比标准。'Stuart'(斯图尔特)属于雌先型品种,坚果呈卵椭圆形,果顶钝,果基圆钝(图 2-16),横切面呈圆形,百粒重 965g,核仁呈金黄或浅棕色,背沟宽而浅,次生背沟深,基部裂隙明显,出仁率 45%,坚果充实饱

图 2-16 'Stuart'(斯图尔特)的果实和种子

满，比重高，每棵树平均每年坚果产量 7.2kg。其产量在现代栽培技术条件下通常很高，但该品种属于晚熟品种，约在 10 月中下旬成熟。栽培上，配置的授粉品种为'Tejas'（特贾斯）、'Mahan'（马罕）、'Mississipi'（密西西比）等品种。

'Stuart'（斯图尔特）与其他新品种相比，其坚果品质在大多数年份是较差的，会出现核仁不饱满、干燥且表面附着大量模糊物的情况。'Stuart'（斯图尔特）易受黄蚜危害，并容易把蜜汁聚集在叶片表面，从而导致疮痂病。'Stuart'（斯图尔特）易感黑斑病，但相对于'Desirable'（德西拉布）更容易控制。它也易受霜害。

33. 'Success'（萨塞斯）

'Success'（萨塞斯）最初是由 W. B. Schmidt 于 1875 年种植在他的家乡密西西比州杰克逊县的实生幼苗。因其核仁质量优良被 T. Bechtel 在 1901 年发现，1902年开始繁殖，1903 年进行推广应用。该品种广泛应用于育种，'Desirable'（德西拉布）、'Forkert'（福克特）、'Barton'（巴顿）、'Choctaw'（切克特）、'Creek'（克里克）、'GraTex'（格特克）、'Mohawk'（莫汉克）、'Oconee'（奥康纳）和'Pawnee'（波尼）等品种均是由它繁育而来。

'Success'（萨塞斯）属于雄先型品种，散粉期居中，坚果呈卵椭圆形，果顶钝且不对称，果基钝圆，横切面呈圆形，果顶部的黑色条斑重，百粒重825g，出仁率46%，核仁呈棕黄色或金黄色，脊沟宽而浅，其中果仁品质分类中优良占10%，合格占31%，劣等占6%。'Success'（萨塞斯）品种会经常负载，易感黑斑病，抗疮痂病能力弱。

34. 'Sumner'（萨姆纳）

'Sumner'（萨姆纳）是 Walter Sumner 于 1932 年在佐治亚州蒂芙顿发现的。有研究表明，'Schley'（施莱）可能是'Sumner'（萨姆纳）的亲本。

'Sumner'（萨姆纳）属于雌先型品种，晚熟，坚果较大，呈长椭圆形，具钝的先端和基部（图 2-17），横截面呈扁平至圆形，百粒重840g，核仁脊部凹陷较深，出仁率50%左右，'Sumner'（萨姆纳）是蚜虫最喜欢的品种，但以前一直认为它非常抗疮痂病，因此被广泛种植。然而，近年来的研究表明'Sumner'（萨姆纳）也感染疮痂病，同时由于其晚熟、蚜虫易感性等原因，该品种的栽培面积大大减少。

35. 'Surprize'（斯普瑞斯）

'Surprize'（斯普瑞斯）为实生选育，母树生长在亚巴拉马州。1963 年，在其上嫁接其他品种不成功，但是后来发现砧木萌发的萌条上表现良好，于 1983 年投入商业化生产。

'Surprize'（斯普瑞斯）属于雄先型品种，萌芽晚，在'Stuart'（斯图尔特）成

图2-17 'Sumner'(萨姆纳)的种子

熟后6天左右成熟,成熟期在10月下旬,坚果呈卵椭圆形,果顶锐尖,果基钝圆(图2-18),横切面扁平。百粒重945g,核仁背部有宽凹槽,腹部有凹陷,出仁率约50%,其早期结果产量很低,质量一般,且像'Shoshoni'(肖肖尼)一样,核仁上附有模糊物,色泽深暗,核仁圆形呈杯状。'Surprize'(斯普瑞斯)树势通常很强壮,在飓风下依然能生存。在亚拉巴马州种植的'Surprize'(斯普瑞斯)果树产量相对一致,没有过度结实现象。

图2-18 'Surprize'(斯普瑞斯)的种子

36.'Tejas'(特贾斯)

'Tejas'(特贾斯)由品种'Mahan'(马罕)和'Risien#1'(瑞恩1)杂交育成,于1973年由美国农业部批准发布。

'Tejas'(特贾斯)属于早实丰产型、雌先型品种,萌芽迟,雌花可授期4月30日至5月5日,雄花散粉期5月8~10日。嫁接后3年结果,果实在10月下旬成熟,果型小,坚果呈长椭圆形,果基、果顶尖(图2-19),横切面呈圆形,核仁脊沟宽而浅,易脱壳。百粒重567g,平均单果重40.45g,出仁率42.73%,含粗脂肪67.92%,总蛋白含量8.77%,总糖含量15.05%。'Tejas'(特贾斯)随着结实量的增加，坚果质量会有所下降，因此部分地区采用夏季摇晃进行果实疏除，会提高坚果质量。'Tejas'（特贾斯）的缺点是极易感黑斑病，抗结痂能力弱。该品种种植时可以和'Shoshoni'（肖肖尼）等品种进行配置。

图2-19 'Tejas'（特贾斯）的果实和种子

37．'Waco'（韦科）

'Waco'（韦科）是于1975年在得克萨斯州由品种'Cheyenne'（切尼）和'Sioux'（西奥克斯）杂交育种后选育，并于2005年由美国农业部农业科学研究院及得克萨斯州农业试验站合作发布。

'Waco'（韦科）坚果呈椭圆形，果尖钝，果基钝尖，横切面扁平。百粒重855g，出仁率56%，核仁色泽金黄，脊沟深，圆背脊，坚果易剥成两半。'Waco'（韦科）的每簇坚果与'Desirable'（德西拉布）相当，'Waco'（韦科）比'Desirable'（德西拉布）发芽早，属于雄先型品种，与'Caddo'（卡多）和'Cheyenne'（切尼）相似，早中期开始散粉，中期雌蕊可受粉，在生产中经常和'Wichita'（威奇塔）、'Choctaw'（切克特）、'Hopi'（霍皮）和'Kanza'（坎扎）等品种配置。'Waco'（韦科）比'Desirable'（德西拉布）更易感染疮痂病，但比'Desirable'（德西拉布）生长旺盛，在美国西部区域表现优良。

38．'Western'（威斯顿）

'Western'（威斯顿）是实生选育，母树是1895年在得克萨斯州圣萨巴发现的一棵实生苗。1924年被命名，在得克萨斯州是商业化生产的标准品种，是美国栽培最多的品种之一。

'Western'（威斯顿）果型小，属于雌先型品种，雌花期4月28日至5月5日，雄花散粉期5月4~10日，果10月中下旬成熟。嫁接后定植3年结果，稳产性较好，13年生平均株产籽23.7kg。坚果呈长椭圆形，果顶锐尖稍有弯曲，果基锐尖，果形不对称，果壳粗糙，百粒重621g，平均出仁率59.85%，平均含粗脂肪71.93%，平均总蛋白含量6.24%，平均总糖含量12.29%，核仁呈棕黄色或金黄色，脊沟深而紧，脱壳时易导致核仁破裂。在美国西南地区，'Western'（威斯顿）是种植最广泛的薄壳山核桃品种。该品种具有耐热、抗旱等特点，品质优良，主要用于营建干果林。但由于'Western'（威斯顿）果型小，且易感染黑斑病及霜霉病，只有在优良的环境条件和管理水平条件下，才能保证其高产。该品种种植时可以和'Ideal'（爱迪尔），'Pawnee'（波尼），'Wichita'（威奇塔）等品种进行配置。

39. 'Wichita'（威奇塔）

'Wichita'（威奇塔）于 1940 年在得克萨斯州通过品种'Halbert'（哈尔伯特）和'Mahan'（马罕）杂交育成，选育人为 L. D. Romberg，1959 年被命名并开始推广种植。我国于 1978 年从美国引进该品种。

'Wichita'（威奇塔）属于雌先型品种。雌花期为 5 月 5~12 日，雄花散粉期在 5 月 11~17 日。果实外形美观，果型中等偏大，结果早，易脱壳，口感好。坚果呈长椭圆形，果顶尖较锐而不对称，果基尖（图 2-20），横切面圆形。百粒重 756g，出仁率 64.2%，出油率 66.2%，果形指数 2.08。核仁充实饱满，棕黄色或金黄色，脊沟宽而浅，基部裂开。果仁中不饱和脂肪酸含量 91.9%，其中油酸含量 69.1%、亚油酸含量 21.8%、亚麻酸含量 1.1%。'Wichita'（威奇塔）口感好，是美国种植最广泛的品种之一。'Wichita'（威奇塔）对环境要求高，喜肥水。在良好的管理条件下，幼树期也有一定的产量。不过它也极易患黑斑病，抗结痂能力弱，不适合干旱地区进行推广种植。该品种采用高接后第 3 年就开始挂果，第 5 年进入投产期，产量逐年稳步提高，第 8 年平均株产 5.9kg，亩产量达 90~106kg。'Wichita'（威奇塔）自花不能结实，须配置的授粉品种为'Caddo'（卡多）、'Pawnee'（波尼）等。

图 2-20 'Wichita'（威奇塔）的种子

三、国内品种

1. '金华1号'

'金华1号'是由云南省林业科学院选育的薄壳山核桃品种,属于雌先型品种,树皮灰褐色,芽呈卵形,3月下旬萌动,4月中旬展叶,5月上、中旬开花,雄花先行开放,6月下旬为生理落果期,10月上中旬至11月中旬果实成熟,11月下旬至12月上旬落叶进入休眠期。坚果呈长椭圆形,外果皮革质,内果皮平滑,黄褐色,果顶钝尖,凹陷,果底圆(图2-21);核仁口感细腻香醇,果实饱满,坚果品质优良。6年生树可进入初产期,产量达1870kg/hm^2,15年生树可进入盛产期,产量达10530kg/hm^2。该品种种植时可以和'绍兴1号'等品种进行配置。

图2-21 '金华1号'的果实和种子

2. '绍兴1号'

'绍兴1号'是由浙江省林业科学研究院选育的品种,属于雌先型品种,芽3月下旬萌动,4月中旬展叶,5月上、中旬开花,雄花先行开放,6月下旬为生理落果期,10月上中旬至11月中旬果实成熟,11月下旬至12月上旬落叶进入休眠期。盛果期平均亩产118.42kg,超过对照品种'Pawnee'(波尼)94%。但坚果较小,平均纵横径3.6cm×2.18cm,呈卵圆球形,果基圆,果顶圆尖(图2-22),单果重5.5~6.3g,坚果出仁率52%~

图2-22 '绍兴1号'的果实和种子

53.8%，种仁饱满，粗脂肪含量74.1%~74.4%，脂肪中，油酸含量67.9%~71.4%，亚油酸含量18.4%~22.4%，亚麻酸含量1.14%~1.50%；蛋白质含量7.5%~8.3%。该品种种植时可以和'金华1号'等品种进行配置。

3.'莫愁'

'莫愁'是由江苏省农业科学院选育的良种。该品种在南京地区雌花花期为5月中上旬，雄花花期为5月中下旬，雌雄花期基本不相遇，10月下旬至11月上旬成熟，为晚熟品种。坚果中等大小，呈广椭圆形，平均单果重7.8g，核仁肥大，肉质细嫩，出仁率42.3%，核仁含脂肪68.4%，品质良好，丰产性能好。该品种种植时可以和'绿宙1号'等品种进行配置。

4.'黄山1号'

'黄山1号'于1976年由黄山市林科所从浙江长乐林场引入的实生苗培育成的结果树中选育出。母树树冠开张，生长旺盛，'黄山1号'属于雌先型品种，雌雄花期可相遇。4月上旬芽萌动，4月下旬至5月上中旬开花，10月下旬至11月上旬果实成熟，产量高，稳产，用其母树结果枝在4年生实生苗上高接后5年开始结果，结果第2年单株产量达2.5kg，大小年现象不明显。坚果平均长3.4cm，平均果径2.2cm，单果重6.6g，出仁率46%，坚果壳薄，核仁饱满，味香甜，品质佳。除有的年份有极少天牛虫害外，无病害。

5.'茅山1号'

'茅山1号'于2002年由江苏省农业科学院园艺研究所从实生苗中选育而成，于2010年12月通过江苏省农作物审定委员会审定。母树位于句容县农科所院内，株产量15.2~25.4kg，'茅山1号'属于雄先型品种，与浙江、江苏推广的雌先型品种'马罕'雌花授粉期一致。3月下旬芽萌动，4月底至5月初雄花盛开，5月上中旬雌花盛开，雌雄花期相遇约有8天，果实灌浆期为7月中旬至8月下旬，10月下旬坚果成熟，果实生育期约160天。幼树生长旺盛，嫁接苗定植3年花序坐果率87%~91%，花朵坐果率46%~51%，第4年进入盛果期，株产量1.6~1.8kg，其中长、中、短结果枝均能结果，丰产性能好。坚果呈短圆形，基部浑圆，核仁饱满，黄白色，单果重8.6~8.9g，出仁率47.56%~48.67%，品质优良，口味香甜，抗病性强。"茅山1号"可以作为'Mahan'（马罕）的授粉树。

6.'亚优7号'

'亚优7号'是从浙江省建德市山核桃实生群体中选育出的新品种。2014年12月通过浙江省林木品种审定委员会认定。

在浙江省，'亚优7号'3月中旬开始萌芽，4月25日至5月2日雌花开放，4月27日至5月5日雄花开放，9月上旬果实成熟，末花至果实成熟大约需要130天。该品种果实较大，平均单果质量4.96g，纵径2.39cm，横径2.04cm，果形指数1.17，果仁平均质量2.31g，出仁率46.60%；果仁含脂肪64.00%，其中油酸含量69.60%，蛋白质含量59.80mg/g，钾含量2733.7μg/g，钙含量1621.5μg/g。坚果加工后果仁味较香、松脆，无涩味。植株长势较旺，萌发力和抗病性强，平均坚果产量1458.3kg/hm^2。

7. '亚优8号'

'亚优8号'是从浙江省建德市山核桃实生群体中选育出的新品种。2014年12月通过浙江省林木品种审定委员会认定。

在浙江省金华市婺城区，'亚优8号'3月中旬开始萌芽，5月1~6日雌花开放，4月25日至5月3日雄花开放，9月上旬果实成熟，末花至果实成熟大约需要130天。该品种果实较大，平均单果质量5.72g，纵径2.51cm，横径2.22cm，果形指数1.13，果仁平均质量2.57g，出仁率44.8%；果仁含脂肪61.10%，其中油酸含量67.30%，蛋白质含量65.30mg/g，钾含量2820.2μg/g，钙含量1275.7μg/g。坚果加工后果仁味较香、松脆，无涩味。植株长势中等，7年生树坚果产量为1291.65kg/hm^2。丰产、稳产性好，大小年不明显，抗病性强。

8. 'YLC10号'

'YLC10号'是中国林业科学研究院亚热带林业研究所选育的良种，母树在安吉县。'YLC10号'属于雌先型品种，嫁接苗定植后第5年进入投产期；萌芽期在3月中旬，4月中旬雄、雌花开始萌动，10月中旬至10月下旬为果实成熟期；5年生平均单株鲜果产量为4.64kg。坚果平均单果重13g左右，种仁含脂肪约67%。该品种种植时可以和'YLC21号'等品种进行配置。

9. 'YLC12号'

'YLC12号'是中国林业科学研究院亚热带林业研究所选育的良种，母树在安吉县。'YLC12号'属于雄先型品种，嫁接苗定植后第5年进入投产期；萌芽期在3月中旬，4月中旬雄、雌花开始萌动，10月中旬至10月下旬为果实成熟期；5年生平均单株鲜果产量为5.61kg。坚果单果重8g左右，籽仁含脂肪约65%。该品种种植时可以和'YLC21号''Mahan'（马罕）等品种进行配置。

10. 'YLC13号'

'YLC13号'是中国林业科学研究院亚热带林业研究所选育的良种，母树在安吉县。'YLC13号'属于雌先型品种，嫁接苗定植后3~4年开始结果，第5年全部进入投产期；萌芽期在3月中旬，4月中旬雄、雌花开始萌动，雌花由总苞、4裂的花被及子房组成，10月中旬至10月下旬为果实成熟期；5年生平均单株鲜果产量为3.69kg。坚果平均单果重6.84g，籽仁含脂肪约69%。该品种种植时可以和'YLC21号'等品种进行配置。

11. '亚优YLC21号'

'亚优YLC21号'是中国林业科学研究院亚热带林业研究所选育的良种，母树在安吉县。'亚优 YLC21 号'属于雌先型品种,萌芽期在 3 月中旬,雄、雌花在 4 月中旬开始萌动,雌花由总苞、4 裂的花被及子房组成;果实成熟期为 10 月中旬至 10 月下旬。植株长势旺盛,5 年生树平均高 4.50m,冠幅 17.9m²,地径 8.17cm。果实偏大,长卵形,坚果单果重 9g 左右,纵径 3.88cm,横径 2.15cm,果形指数 1.80,出仁率 46.72%;种仁含脂肪约 70%。果仁色美味香,松脆,无涩味,营养丰富。5 年生平均单株鲜果产量为 4.54kg。该品种种植时可以和'YLJ5 号''YLJ6 号''YLJ23 号'等品种进行配置。

12. 'YLJ023 号'

'YLJ023 号'是中国林业科学研究院亚热带林业研究所选育的良种,母树在建德。树体高大,生长势较旺,树冠开张形。叶片呈镰刀形,落叶早;'YLJ023 号'属于雌先型品种,结果早,平均单果重 13.24g,种子饱满度 98.3%,出仁率 64%,含油率 76%,核果重 8.87g;9 年生试验林平均树高 5.4m,胸径 12.6cm,冠幅 8.34m²,平均株产量 3.78kg。该品种种植时可以和'YLJ5 号''YLJ6 号''YLC21 号'等品种进行配置。

13. '亚优 YLC28 号'

'亚优 YLC28 号'是中国林业科学研究院亚热带林业研究所选育的良种。植株长势旺盛,5 年生平均树高 4.66m,冠幅 12.63m²,地径 9.13cm。3 月中旬开始萌芽,4 月中旬雄、雌花开始萌动,5 月上旬雌花开放,5 月中旬雄花开放,10 月中旬至下旬果实成熟,末花至果实成熟大约需要 155 天。果实 54 较大,坚果平均质量 13.9g,纵径 57.27mm,横径 33.59mm,果形指数 1.70,果仁平均质量 7.08g,出仁率 50.94%;核仁含脂肪 60.5%,蛋白质含量 56.40mg/g,果仁色美味香、松脆,无涩味,营养丰富。抗逆性较强,易栽培,12 年生示范林坚果平均产量 3951.0kg/hm²。

14. 'YLC29 号'

'YLC29 号'是中国林业科学研究院亚热带林业研究所选育的良种,母树在安吉县。'YLC29 号'属于雌先型品种,萌芽期在 3 月中旬,4 月中旬雄、雌花开始萌动,5 月上旬雌花先熟,10 月中旬至下旬为果实成熟期;5 年生平均单株鲜果产量为 4.17kg。坚果平均单果重 9g 左右,籽仁含脂肪约 68%。该品种种植时可以和'YLC21 号'等品种进行配置。

15. 'YLC35 号'

'YLC35 号'是中国林业科学研究院亚热带林业研究所选育的良种,母树在安吉县。'YLC35 号'属于雄先型品种,抗性强,易栽培。萌芽期在 3 月中旬,4 月中旬雄、雌花开始萌动,10 月中旬至下旬为果实成熟期;5 年生平均单株鲜果产量为 5.91kg。坚果壳薄,取仁容易,果仁色美味香,无涩味,松脆;坚果平均单果重 10g 左右，籽仁含脂肪约 68%。该品种种植时可以和 'Mahan'（马罕）等品种进行配置。

16. '亚优 40 号'

'亚优 40 号' 是中国林业科学研究院亚热带林业研究所选育的良种。在浙江省，3 月中旬开始萌芽，4 月 24 日至 5 月 3 日雌花开放，4 月 20~30 日雄花开放，9 月上旬果实成熟。末花至果实成熟大约需要 130 天。山核桃植株长势中等，7 年生平均树高 5.29m，冠幅 5.18m×5.7m，地径 12.2cm，抗病性强，丰产性、稳产性好，7 年生树坚果产量 1557.6kg/hm^2。果实较大，平均单果重 4.84g，坚果纵径 2.41cm、横径 2.13cm，果形指数 1.13，果仁平均重 2.36g，出仁率 48.8%；核仁含脂肪 62.50%（其中油酸含量 68.3%）、蛋白质含量 61.2mg/g、钾含量 2655μg/g，钙含量 1185.8μg/g。坚果加工后果仁味较香、松脆，无涩味。

17. 'YLJ042 号'

'YLJ042 号' 是中国林业科学研究研究院亚热带林业研究所选育的良种，母树在建德。树体高大，生长势较旺，树冠开张形。叶片镰刀形，落叶早；'YLJ042 号' 属于雌先型品种，结果早，平均单果重 11.75g，种子饱满度 92.7%，出仁率 59%，含油率 79%，核果重 7.37g；9 年生试验林平均树高 7.0m，胸径 13.6cm，冠幅 9.88m^2，平均株产量 5.93kg。该品种种植时可以和 'YLJ5 号' 'YLJ6 号' 'YLC21 号' 等品种进行配置。

18. '赣选 1 号'

'赣选 1 号' 是江西省林业科学研究院选育的薄壳山核桃良种，属于雌先型品种，雌雄花期不遇，需配置雄花早熟品种授粉树，保果难度较大。3 月中下旬萌芽，5 月中旬雄花开花，10 月下旬为果实成熟期，11 月中旬落叶。用母树接穗进行小苗嫁接，定植后 5 年开始挂果，5 年生平均单株鲜果产量为 1.5kg。坚果呈长尖形，果大，重约 16.5g，出仁率 54.8%，核仁呈白黄色，壳薄易脱落，果仁色美味香，籽仁含脂肪 71.94%，蛋白 10.86%。无涩味，松脆。抗病虫能力强。该品种种植时可以和 '赣选 5 号' 等品种进行配置。

19. '绿宙 1 号'

'绿宙 1 号' 是由南京绿宙薄壳山核桃科技有限公司选育成功的，原产地在江苏南京。'绿宙 1 号' 属于雌先型品种，雌雄花不相遇，自花不能结实，须配置 'Caddo'（卡多）、'Pawnee'（波尼）等授粉品种。在南京地区 4 月中旬萌动，4 月底展叶，雌花 5 月上旬进入可授期，雄花 4 月底萌发，5 月中旬进入散粉期，10 月下旬果实成熟。平均单果重 7.8g，出仁率 47.8%，出油率 78%，果形指数 2.10。果仁亚油酸含量达 26.7%、亚麻酸含量达 1.3%、总氨基酸含量 9.2%，人体必需 7 种氨基酸含量达 3.6%。在配置授粉品种栽植情况下，嫁接植株 4 年开始结果,5年后进入投产期,第6年株产2.7kg,产量为810kg/hm²,第7年的株产3.3kg,产量为990kg/hm²,第8年的株产4.8kg,产量为1440kg/hm²,高产稳产。

20.'安农1号'

'安农1号'是由安徽农业大学选育的薄壳山核桃良种,属雌雄同期型品种。雄花期4月22日至5月4日,雌花期4月27至5月4日。树高11.8m,胸径15.1cm,冠幅43.92m²,枝下高0.75m,大枝间距0.8m,新枝平均长度38cm,小枝粗0.7cm,枝开张角85°,叶间距5.3cm。果长卵形,纵径3.9cm,横径2.7cm,种壳厚0.84mm,果实大,枝条短,单株产量高,连续结果能力强,丰产性高,是优良的生产加工品种。经连续4年观察,该单株四年平均株产果18.92kg,亩产坚果283.8kg,鲜果平均出籽率32.48%,坚果平均单果重5.62g,坚果出仁率42.51%,种仁含脂肪46.50%,蛋白质含量9.50%,可溶性糖质含量4.01%,维生素E含量121.6mg/kg。该品种种植时可以和'安农2号''安农3号''安农4号''安农5号'等品种进行配置。

21.'安农2号'

'安农2号'是由安徽农业大学选育的薄壳山核桃良种,属于雄先型品种。雄花期4月25日至5月5日,雌花期4月26至5月14日。树高11.6m,胸径17.7cm,冠幅37.82m²,枝下高1.55m,大枝间距0.65m,新枝平均长度57cm,小枝粗0.8cm,枝开张角70°,叶间距4.7cm。果长卵形,纵径3.2cm,横径2.2cm,种壳厚1.0mm。经连续4年观察,该单株四年平均株产果17.4kg,亩产261kg,鲜果平均出籽率39.85%,坚果平均单果重4.22g,坚果出仁率57.49%,种仁含脂肪43.70%,蛋白质含量9.30%,可溶性糖质含量3.0%,维生素E含量135.0mg/kg。'安农2号'薄壳山核桃具有出仁率高,枝开张角大,单株产量高等优良性状,是适于生产、具有较高商业价值的优良品种。该品种种植时可以和'安农1号''安农3号''安农4号''安农5号'等品种进行配置。

22.'安农3号'

'安农3号'是由安徽农业大学选育的薄壳山核桃良种,属于雌雄同期型品种,雄花期4月25日至5月7日,雌花期4月26日至5月5日。树高14.6m,胸径21.8cm,冠幅40.32m²,枝下高1.12m,大枝间距1.05,新枝平均长度26cm,小枝粗0.73cm,枝开张角87°,叶间距4.8cm。核果纺锤形,纵径4.3cm,横径2.6cm,种壳厚0.82mm。经连续4年观察该单株四年平均株产果18.5kg,亩产277.5kg,鲜果平均出籽率34.29%,坚果平均单果重7.15g,坚果出仁率49.92%,种仁含脂肪46.60%,蛋白质含量7.70%,可溶性糖含量3.5%,维生素E含量116.0mg/kg。'安农3号'薄壳山核桃具有出仁率高,壳薄,生长量大、果实大单株产量高等优良特性，可为生产加工的优良品种，也可果材兼用。该品种种植时可以和'安农1号''安农2号''安农4号''安农5号'等品种进行配置。

23. '安农4号'

'安农4号'是由安徽农业大学选育的薄壳山核桃良种，属于雌先型品种，雄花期4月28日至5月10日，雌花期4月28日至5月12日。树高12.6m，胸径21.8cm，冠幅55.25m^2，枝下高0.95m，大枝间距0.65m，新枝平均长度35cm，小枝粗0.85cm，枝开张角88°，叶间距5.5cm。果倒卵形，纵径3.8，横径2.7cm，种壳厚0.82mm。经连续4年观察，该单株四年平均株产果18.92kg，亩产283.8kg，鲜果平均出籽率48.16%，坚果平均单果重11.42g，坚果出仁率42.82%，种仁含脂肪41.30%，蛋白质含量11.30%，可溶性糖含量3.8%，维生素E含量78.4mg/kg。'安农4号'薄壳山核桃具有出仁率高，壳薄，生长量大，结实早，单株产量高的优良性状，可做优良采穗圃品种，也可果材兼用。该品种种植时可以和'安农1号''安农2号''安农3号'、安农5号'等品种进行配置。

24. '安农5号'

'安农5号'是由安徽农业大学选育的薄壳山核桃良种，属于雌雄同期型品种。雄花期4月29日至5月11日，雌花期4月29日至5月11日。树高12.8m，胸径20.2cm，冠幅55.25m^2，枝下高1.8m，大枝间距1.2m，新枝平均长度30cm，小枝粗0.6cm，枝开张角75°，叶间距6.3cm。果卵形，纵径3.6cm，横径2.2cm，种壳厚0.9mm。经连续4年观察该单株四年平均株产果18.28kg，亩产274.2kg，鲜果平均出籽率39.13%，坚果平均单果重9.62g，坚果出仁率48.23%，种仁含脂肪46.30%，蛋白质含量10.4%，可溶性糖含量4.1%，维生素E含量119.7mg/kg。'安农5号'薄壳山核桃具有出仁率和含油率均较高，早产，稳产，连续结果能力强等优良特性，是优良的采穗圃品种。该品种种植时可以和'安农1号''安农2号''安农3号''安农4号'等品种进行配置。

25. '黄薄1号'

'黄薄1号'是黄山市林科所1976年开展薄壳山核桃引种栽培试验后，选育并通过安徽省林木品种审定委员会审定的良种。属于雌雄同期型品种。丰产稳产。芽3月下旬开始萌动，4月上旬开始抽梢展叶；雄花5月11~22日，盛花期5月14~20日；雌花5月12~25日，盛花期5月14~24日。果实10月底至11月上旬成熟。鲜出籽率27.8%，干出籽率21.9%，单籽（核）种6.1g，出仁率42.7%，种仁蛋白质含量12.2%，含粗脂肪（脂肪）48.7%，碳水化合物含量6.0%，氨基酸总量0.8%，含维生素E含量7.4mg/kg、维生素C含量1.5mg/kg。该品种种植时可以和'Mahan'（马罕）等品种进行配置。

26.'黄薄2号'

'黄薄2号'是黄山市林科所1976年开展薄壳山核桃引种栽培试验后，选育并通过安徽省林木品种审定委员会审定的良种。属于雄先型品种。3月下旬芽开始萌动，4月上旬开始抽梢展叶，雄花4月28日至5月8日，盛花期5月1~5日；雌花5月8~21日，盛花期5月11~19日；雌雄花花期不遇。果实10月下旬至11月初成熟。果实长圆球形或卵球形，纵径4.6cm，横径3.4cm，外果皮薄，鲜出籽率36.6%，干出籽率33.4%。坚果平均单籽（核）重6.5g，出仁率37.7%，种仁蛋白质含量12.3%，含粗脂肪（脂肪）50.1%，碳水化合物含量5.9%，氨基酸总量0.95%，含维生素E含量10.4mg/kg、维生素C含量1.8mg/kg。该品种种植时可以和'Mahan'（马罕）等品种进行配置。

参考文献

[1] 邹伟烈，张雨. 薄壳山核桃品种——卡多[J]. 中国果业信息，2018，35(4)：58.

[2] 邹伟烈，范志远，张雨，等. 薄壳山核桃品种'卡多'的引种与选育[J]. 中国果树，2018(2)：54-56，109.

[3] 施忠华，朱灿灿，陈于，等. 薄壳山核桃品种凯普·费尔引种与栽培技术[J]. 现代农业科技，2018(23)：94-95，97.

[4] 梁珊珊，吕芳德，蒋瑶，等. 美国山核桃坚果主成分分析及综合评价[J]. 中国南方果树，2015，44(3)：123-128.

[5] 程维金，邓先珍，肖之炎，等. 湖北引种薄壳山核桃品种差异性评价[J]. 中国农学通报，2019，35(8)：29-32.

[6] 徐奎源，杨先裕，袁紫倩，等. 薄壳山核桃'Mahan'生物学特性及落果规律研究[J]. 安徽农业大学学报，2015，42(2)：165-170.

[7] 张瑞，李永荣，彭方仁. 薄壳山核桃品种"马罕"的栽培适应性及其评价[J]. 经济林研究，2013，31(2)：176-180.

[8] 张瑞，李晖，彭方仁，等. 薄壳山核桃开花特征与可授性研究[J]. 南京林业大学学报(自然科学版)，2014，38(3)：50-54.

[9] 章理运，申明海，周传涛，等. 豫南引种不同薄壳山核桃无性系花期物候特征[J]. 经济林研究，2020，38(4)：32-41.

[10] 蒋瑶，魏海林，高昌虎，等. 湖南低山丘陵区薄壳山核桃的开花物候期观测及品种配置[J]. 南京林业大学学报(自然科学版)，2021，45(1)：53-62.

[11] 吴奇坤. 长山核桃优良单株——黄山1号[J]. 经济林研究，1999(4)：

64-65.

[12] 刘广勤, 朱海军, 臧旭, 等. 薄壳山核桃新品种——茅山 1 号的选育[J]. 果树学报, 2011, 28(6): 1132-1133, 944.

[13] 姚小华, 任华东, 邵慰忠, 等. 山核桃新品种'亚优 7 号'[J]. 园艺学报, 2018, 45(2): 401-402.

[14] 常君, 姚小华, 郎学军, 等. 山核桃新品种'亚优 8 号'[J]. 园艺学报, 2018, 45(1): 195-196.

[15] 常君, 姚小华, 王开良, 等. 薄壳山核桃新品种'亚优 YLC21 号'[J]. 园艺学报, 2021, 48(S2): 2805-2806.

[16] 王开良, 姚小华, 邵慰忠, 等. 薄壳山核桃新品种'亚优 YLC28 号'[J]. 园艺学报, 2020, 47(S2): 2928-2929.

[17] 王开良. 山核桃新品种亚优 40 号[J]. 农村百事通, 2018(2): 28.

[18] 李永荣, 张计育, 勒栋梁. 薄壳山核桃新品种'绿宙 1 号'[J]. 园艺学报, 2016, 43(2): 401-402.

[19] 殷巧. 薄壳山核桃安农系列选优及繁育[D]. 合肥: 安徽农业大学, 2014.

[20] University of Georgia. Cultivars. https://pecanbreeding.uga.edu/cultivars/alphabetical-list.html. 2016 年 9 月 12 日; 2022 年 5 月 24 日.

[21] USDA-ARS. Pecan Cultivars. https://cgru.usda.gov/carya/pecans/pecalph.htm. 2018 年 9 月 12 日; 2022 年 5 月 24 日.

[22] 任华东, 姚小华, 常君, 等. LY/T 1941—2021 薄壳山核桃[S]. 2022-01-01.

第三章 薄壳山核桃育苗

薄壳山核桃引入我国已经超过一百年,通过几代人的不懈努力,目前薄壳山核桃育苗技术取得了长足进步,从以前的大田裸根育苗(图3-1)逐步发展到大规格现代化容器育苗(图3-2),完全能生产出满足我国薄壳山核桃发展的优质苗木。薄壳山核桃育苗主要包括圃地准备、规划设计以及设施建设等条件建设工作,砧木苗培育、嫁接苗繁育、苗期管理等生产工作,同时还包括以前不太重视的档案管理工作。良种壮苗是薄壳山核桃产业健康发展的基础,因此在生产中要务必重视。

图 3-1 传统裸根苗培育

图 3-2 现代大规格容器苗培育

一、育苗条件

(一)圃地准备

良好的苗圃环境能够有效促进育苗质量提升，若场地选址不当，不仅会影响苗木成活率及苗木质量，还给苗圃经营管理带来极大的不便，造成大量的人力、物力浪费。因此，在进行薄壳山核桃苗圃选址时，必须充分考虑苗圃的自然条件和经营条件。薄壳山核桃最适生长年平均温度为15~20℃，最高可耐高温达40℃，最低温度到-10℃也没有明显冻害，但是对育苗地来说，温度稍高有利于种子萌发和苗木的生长。苗圃最好选择地势相对平缓，土层深厚、肥沃，沙质结构的土壤，当然，当前育苗基本采用基质，对土壤需求量不是很大。同时苗圃需水量大，最好附近有一定的水源，并且要经常检测天然水源的污染情况；若天然水源不足，则应选择地下水源为苗圃供水，且地下水位在1m以下为宜。另外还需要了解病、虫、草害的情况，做好杂草灌木的清理和消杀工作。并且圃地要远离污染源，远离空气污染、土壤污染和水污染严重的地区。

苗圃地的选择上，还要注意经营条件，这直接关系到苗圃的经营管理水平、经济效益以及发展壮大。一是苗圃的位置最好选于交通便利的公路旁，进入苗圃的道路路况较好，能够承受装载苗木的运输车辆，有利于苗木的运输。二是现代化苗圃的经营管理需要有充足的电力保障，苗木的浇水、施肥都离不开电力设备，停电将可能给苗圃带来巨大经济损失，同时基地应当配备发电机等设备。三是当地劳动力水平和数量，苗木培育属于集约化生产，熟练的高素质技术工人能起到事半功倍的作用，同时要加强与科研单位的沟通，定期举行技术培训，有利于苗圃的发展。

(二)规划分区

现代化苗圃往往是长期进行育苗生产的专业化、规模化和规范化苗圃，在建设之前应进行合理规划，分区安排利于管理。苗圃一般包括藏种区、基质制备区、苗木培育区(温室)、办公区、仓库等区域。藏种区是进行种子砂藏的区域，应当位于遮阴且地势较高的区域；基质制备区是收集农林剩余物、泥炭等并进行堆沤发酵，最后配制培育苗木所用的基质的区域；苗木培育区是进行砧木和苗木培育的区域，该区域面积要根据苗圃规模、育苗数量等确定，最好是集中连片、光照充足、通风透气、排水灌溉均方便的地方，以保障苗木生长所需的光、温、水、空气和养分，营造一个适宜苗木生长的环境。有条件的单位可以建设温室等设施；此外，苗圃最好具有办公区，可以进行生产安排、技术交流以及商务洽谈等，仓库也可以建设在一起，便于管理。最后还需要规划好电路的走向以及主干道、机耕道、步道，以及水源来源及设施的配置等问题。使苗圃既美观又实用。

(三)基础设施建设

苗圃的最大基础设施是荫棚(图3-3)，可以有效提高春季温度，提早种子萌发；也可以降低夏季的棚内温度，防止光照过强或阳光直射对幼苗造成伤害；同时可提高冬季的棚内温度，防止幼苗冻害；并起到一定的防风、隔离效果。有条件的企业可以建设温室，以大幅度提高育苗的效率，实现集约化生产，降低育苗成本，但建立温室成本投入、技术水平较高，需要谨慎选择。供水系统是苗木培育中的重要设施，可以根据苗木规格、经济条件等因素选择安装喷灌、滴灌设施，最好能装备水肥一体化系统。苗圃地的电力系统能满足苗圃正常生产、生活需求即可，最好能购置一套合适的发电机组，以防停电影响苗圃的正常生产、生活，带来不必要的损失。目前育苗普遍存在人工需求量大、季节性强，因此采购部分农机设备对节约成本、提高效率具有很重要的作用。

图3-3 基础设施

二、砧木(实生苗)培育

(一)种子采集

选择树龄10~30年，接穗亲和力强(最好与接穗品种相同)、生长健壮的嫁接树或实生树作为采种母树。9月下旬至10月初为薄壳山核桃成熟期,当薄壳山核桃外皮由绿色变为黄绿或淡黄色,约有1/3的青皮在树上开裂时为最佳采收期,应及时进行种子采集(图3-4)。从母树上采集果皮棕褐色、微裂、充分成熟、颗粒饱满健康且较大的种子。目前,因薄壳山核桃种子较贵,很多苗木生产企业选择"绍兴"种子的种子用来培育砧木,主要是因为其种子较小,百粒重小(图3-5),可以降低成本,但是否可以作为所有良种的砧木,还有待进一步研究。

图3-4 成熟种子

图3-5 种子(绍兴)

(二)种子处理

种子采收后及时进行脱皮,脱皮方法有敲打法、堆沤法和药剂法。药剂脱皮法在生产上应用比较普遍,将刚采收后的青皮果用浓度为0.3%~0.5%的乙烯利溶液浸泡30s,然后堆积在通风向阳的地方,果堆厚约50cm,加盖10cm厚的干草,2天后即可脱离青皮。种子脱皮后,将种子浸泡于3%高锰酸钾溶液30min(图3-6),然后冷水浸种5天,每天换1次水,浸种后放置于阴凉处晾干。

种用薄壳山核桃不用漂洗,可直接晾晒,晾晒种子要摊平放在通风干燥处,不能放在水泥地面、木板或铁板上直接暴晒,以免影响种子发芽率。晾晒时摊放厚度要均匀,以不超过两层果为宜,晾晒过程中要经常翻动,均匀干燥后贮藏备用。

一般采用干贮和湿沙贮藏两种方法贮藏薄壳山核桃种子。干藏的处理方法是:将晾干的种子装到麻袋中并放在干燥、阴凉的室内,播种前用冷水浸泡24小时。湿藏的处理方法是:先铺一层5cm厚的湿沙(以沙粒表面不见水分为宜),再铺上8~10cm厚的种子,种子上面再铺一层5cm厚的湿沙,最上面盖上塑料薄膜以保湿(图3-7)。湿沙贮藏也有催芽的作用。

图 3-6　种子消毒

图 3-7　沙藏

（三）催芽

为了提高薄壳山核桃的发芽率和出苗后的整齐度，种子在播前需做催芽处理。处理前先将种子倒入清水中，捞去浮在水面上的空粒，沉下去的种子进行催芽处理。催芽处理方法包括：低温层积催芽、春季快速催芽、水浸日晒法催芽和浸水法催芽。

低温层积催芽：在12月上中旬，选地势较高、排水良好、背风背阴的地方挖沟，沟的深度要求在冻土层以下、地下水位以上，沟宽80cm，沟的长度视种子的数量而定。先在沟底铺一层20cm厚干净河沙，用80%多菌灵可湿性粉剂700~1000倍液喷雾杀菌，并喷水保持河沙湿度为75%~80%，将选好的种子与沙子按照1∶3的比例充分混合均匀，湿度以手握成团，手捏则散为宜。清晨或傍晚放入沟内，种沙厚度为50~70cm，离地面10cm加盖湿沙，覆土使顶部呈屋脊形。为保证通气，沟中每隔0.7~1m插1束秸秆。沟的四周要挖小沟，以便排水和防止动物危害，沟内温度保持在5~10℃。沙藏后每隔20~30天检查1次，保持温度、湿度，防止鼠害，及时拣除霉烂种子。一般沙藏处理时间为80~100天，若播前10天左右，种子尚未裂嘴，可将种子取出置于向阳地方催芽，每天上下翻动，洒水保持一定湿度。为了提高温度，白天可覆盖棚膜，晚上加草帘保温。

春季淋水快速催芽：春季在地温升高到10℃左右时，先用0.5%的高锰酸钾溶液浸种2小时，再用40℃的温水浸种，自然冷却后再浸泡24小时，将浸泡后的种子摊开放置于保温、保湿且兼具透气性的材料上，再在上面覆盖一层同样材料的覆盖物，将覆盖物和种子淋透水进行催芽。覆盖物外表面见干时，立即淋水，始终保持在湿润状态。10天左右，露胚根和裂嘴的种子之和达到种子总数的50%时即可播种。

水浸日晒法催芽：在北方，6月上旬，播种前用清水浸泡种子2天，充分吸水后捞出，摊成薄层在阳光下曝晒1天，然后再次浸泡、曝晒，约经7天后，当种壳开裂后即可播种，没裂口的继续处理，循环播种。一般出苗率可达90%，该方法简单易行。

浸水法催芽：秋播种子可采用此方法处理。将选好的种子用清水浸泡5~7天，每天换水1次，待种子吸足水后直接开沟点播。此方法在鼠害多的地方不宜采用。

（四）圃地选择与整地

薄壳山核桃是喜光喜钙树种，适宜生长在地势平坦，土层深厚、肥沃，阳光充足，灌水便利且排水良好的富含钙质的微碱性沙壤土或壤土（pH值5.0~7.5）。播种前需细致整地，做到地平、疏松，深耕深度在30cm以上，四周开排水沟。如沙土地、黏土地则采取有效的土壤改良措施，如每亩施基肥1500~2500kg，然后深翻，改善土壤的理化性状。每亩撒施3%辛硫磷颗粒3~4kg杀灭地下害虫。将药加入细土掺匀，撒入圃地，然后翻耕，消灭地下害虫。每亩施入15~20kg的硫酸亚铁，混入20倍细土，均匀撒入苗床，防治苗木立枯病。

在处理好的圃地上做苗床，苗床宽1.2m，长度可视苗圃地条件和需要而定，沟距25~30cm，沟宽5~8cm，沟深6~8cm。将泥炭土、蛭石、珍珠岩3种基质按照3:1:1的比例混合均匀，平铺在苗床上，基质厚度以5cm为宜。

（五）播种方法

1. 春播

春播在3月下旬至4月上旬。当催芽处理的种子已露白、部分胚轴伸长1cm左右时即可挑选开裂或已露白的种子分期播种（图3-8），种根过长时掐去一部分。播前开深约8cm的沟，播种行距30~40cm、株距15~20cm。点播时，让种子缝合线与地面垂直，露白处位于一侧，切勿朝下，然后覆土，覆土厚度为3~4cm。待全部播种完毕，盖少许稻草于苗床上，浇透水，播后在苗床上架设50cm高的小拱棚，可达到出苗早、出苗整齐的目的。种子出土后，为防高温烧伤苗木，在晴天中午，可从两端或侧面掀开拱棚通风透气，以降低棚内温度。待幼苗全部长出真叶后，及时拆除拱棚，以免灼伤苗木影响生长。

2. 秋播

秋播适合在土壤结冻前进行，不宜过早或过晚，否则会影响发芽率。秋播种子有两种处理方法：一是不需要催芽处理，可直接带青皮播种。二是浸水法催芽后播种，播种方法同春播。但是，由于秋播种子易遭受鼠害、兔害，所以常采用

图 3-8　沙藏种子萌发

春季播种育苗。

(六) 苗期管理

1. 灌溉排水

因为薄壳山核桃对水分比较敏感，怕长期水渍，所以其苗期管理灌溉排水直接影响到苗木的生长情况。应根据苗木生长的不同时期，合理地确定灌溉时间和次数。

种子发芽期，床面要经常保持湿润，灌溉应少量多次；幼苗出齐后，子叶完全展开，进入旺盛生长期，对水分的需求加大，应满足其快速生长的水分需求，所以灌溉量要多，次数要少，每5~6天灌溉1次，每次要浇透、浇足。晴天要及时浇水，梅雨季节要及时清沟排水，防止圃地积水。灌溉时间宜在早晚进行。秋季多雨时要及时排水，以防止水分积聚，导致烂苗。

2. 松土除草

松土除草是苗木田间管理工作的一项重要措施。松土除草应掌握"除早、除小、除了"的原则，在雨后或灌溉后进行。苗木进入生长旺盛期应进行松土，以不伤苗木根系为准。苗木木质化后，应停止松土除草。

3. 追肥

苗木施肥应以基肥为主，但其营养不一定能满足苗木生长的需要。为使苗木速生粗壮，应在苗木生长旺盛期施化肥加以补充。幼苗期施氮肥，苗木速生期多施氮肥、钾肥或几种肥料配合使用，生长后期应停施氮肥，多施钾肥，追肥应以速效性肥料（如尿素、磷酸二氢钾、过磷酸钙）为主，少量多次。圃地施肥可配合除草和松土进行，在防虫草害的同时，保墒，促苗壮。另外，叶面喷肥能够有效地促进其对肥料的吸收,是追肥的好方法。在苗木生长初期可进行叶面喷肥,喷施浓度为0.2%的尿素或磷酸二氢钾溶液。6~7月苗木生长旺盛期可追施尿素或复合肥1~2次。每次150kg/hm²左右。8月份停止施氮肥,避免产生嫩秋梢引发冻害。1年生苗高度能达到40~60cm,产苗量在15.0万~22.5万株/hm²。目前,一些缓释肥应用在育苗上效果也很好。

4. 截根

截根的作用在于除去主根的顶端优势,控制主根的生长,促进侧根和须根生长,扩大根系的吸收面积。通过截根还可以减少起苗时根系的损伤,提高苗木移植的成活率。在7月中旬,苗根尚未木质化时,用刀片从苗床表土下10~15cm深处切断主根,截根后要及时充分灌水,使土壤与根系充分接触,以利于苗木根系迅速恢复生长,并于灌水的同时适量追施磷、钾肥料。

5. 病虫害防治

在薄壳山核桃苗木病虫害防治工作中,应从土壤翻耕、消毒、精选良种、种子消毒、合理施肥、适时早播和经营管理等方面入手,预防病虫害的发生。

1~3月,休眠期至萌芽前,防治黑斑病、枯枝病等病源,樟蚕、刺蛾、枯叶蛾等病虫。防治措施:挖出、摘除虫茧和幼虫,刮除越冬虫卵;及时清除苗圃地内杂草及地被物,杀灭越冬蛹;清除落叶、病枝、病果,减少病源。

4月至5月下旬,萌芽展叶期,防治膏药病,木蠹蛾、天牛、金龟子等病虫害。防治措施:从4月中旬开始,每隔15天喷洒1次1:1:100倍波尔多液,或20%石灰乳,连续3次;用毒膏堵虫孔,人工剪除虫枝,灯光诱杀成虫。

6月上旬至7月,幼果期,防治炭疽病、叶枯病、根腐病,木蠹蛾、天牛等病虫害。防治措施:从5月上旬开始,每隔15天喷洒一次1:1:100波尔多液,或50%甲基托布津500~800倍液,连续3次;黑光灯诱杀天牛、木蠹蛾、枯叶蛾成虫等。

8~9月,果实成熟及采收期,防治杆腐病、枯枝病等病虫害。防治措施:结合秋季管理,剪除病枝并集中烧毁,以消灭病源。70%甲基托布津可湿性粉剂800~10000倍液或400~500倍代森锰锌可湿性粉剂喷雾防治。

10~12月,落叶、休眠期,防治各类刺蛾、蓑蛾、袋蛾等害虫。防治措施:清园即清扫落叶、落果并销毁深翻;涂白树干,防止成虫产卵,杀死初孵幼虫并防冻防寒;冬剪即去除病虫枝、干枯枝,清除樟蚕在树干上的大茧包,灭除各类刺蛾的茧,消灭蓑蛾、刺蛾等害虫。

6. 及时去蘖

由于美国山核桃种子有萌蘖现象,1粒种子有时萌发2~5个苗,因此要及时去弱留强,1粒种子只能保留1个苗,以保证苗木生长健壮。

(七)出圃移栽

一年生实生苗,地下根系生长大大超过地上部分,能达到最低出圃标准地径 0.8cm 的不多,可留床继续培育 1 年。大田直播的实生苗,因未断根,主根发达,可深到 30~50cm,但侧根极少,应在当年休眠期用断根铲切断主根,以便形成主、侧根发达的根系。苗木留床 1 年后,绝大部分地径达到 0.8cm 以上,可出圃用于嫁接。起苗时应保留的主根长度,一年生苗不小于 20cm,二年生苗不小于 25cm。

选择地势平坦、土壤肥沃、土层深厚、阳光充足、通气性好、排灌水方便的沙壤土或壤土地块作为移栽地。每亩撒施 3% 辛硫磷颗粒 3~4kg,施有机肥 800~1000kg、复合肥 50kg,并施入杀虫、杀菌剂,预防害虫病菌等。对移栽地进行深耕,将肥料、农药均匀拌入土壤。深度不小于 30cm,然后耙平土壤。薄壳山核桃 15~25℃生长最快,根据天气情况,4 月下旬至 5 月上旬直接移栽至大田苗圃地,采用宽窄行种植,株距 33~3cm,宽行 1m,窄行 40cm,起苗时进行断根处理,薄壳山核桃为直根系植物,主根发达、不易生侧根,断根处理可以促生侧根,提高移栽成活率,栽后培 10cm 高土堆,浇足定根水。每亩栽植 4500 株左右。

移栽后的苗木可以用于嫁接,当然,也可以将苗木移栽到育苗杯中,嫁接后进行容器苗培育。但有的地区已经大部分或者全部采用容器苗培育。

三、嫁接育苗

(一)穗条采集与贮藏

1. 穗条来源

如果当地已经选育出了适宜品种,并根据薄壳山核桃采穗圃营建技术规程(LY/T 1941—2021)建设了采穗圃的,应当到采穗圃采集品系清楚、质量合格的穗条。如果当地没有采穗圃,应当选择在当地表现优良的薄壳山核桃优良品种,并注意品种鉴别。

2. 接穗采集

接穗采集时间为 2~3 月,芽未萌动前。剪取品质优良、枝条及芽体饱满、髓心小、粗壮光滑、无病虫害的延长枝作为接穗。硬枝穗条一般应选择直径在 0.6~1.2cm 的一年生枝条,要求枝条平直、组织充实、芽体饱满、无病虫害。采接穗时,除主要栽品种外,还应采集 15%~20% 的授粉品种接穗。

3. 接穗贮藏

接穗采后剪成 10~20cm 的短枝并进行蜡封,将接穗两端分别在石蜡中速蘸

(1.5s 以内)后,置于阴凉(5℃)处,用湿沙(相对湿度65%~70%)埋藏或置于0~5℃冷库中贮藏。(用于嫩枝嫁接的)嫩枝穗条一般应选择芽体饱满、无病虫害的当年生嫩枝条,应随采随接,最长保存时间不超过3天。

(二)嫁接

1. 硬枝枝接

(1)砧木选择。砧木选择地径1.0cm以上、健壮无病虫害的薄壳山核桃实生苗,一般为栽后1~2年苗。

(2)嫁接时间。一般在春季树液开始流动、芽萌动之前进行,因为此时砧木和接穗组织充实,温度、湿度等也有利于形成层的旺盛分裂,加快伤口愈合,在湖南一般4~5月嫁接。

(3)嫁接。

①砧木切削。将砧木从距地约50cm树皮通直无疤处锯断,用刀削平伤口,然后在砧木中间劈1个深为4~5cm的垂直劈口。

②接穗切削。选择粗度小于砧木粗度的接穗,接穗留2~3个芽,在其下部左右各削1刀,削成楔形,接穗削面长度4~5cm,使接穗下部楔形的外侧和砧木形成层紧密连接,内侧可以不相接,接面要平滑,角度要合适,使接口与砧木上下准确契合。

③包扎、放水。用宽4cm、长30~40cm的塑料条将接口捆扎起来,捆扎时要将劈口、伤口及露白处全部包严,绑扎松紧适度,接后应及时放掉塑料膜内的积水。

也可以采用切接的方法,见图3-9。

2. 嫩枝芽接

主要采用方块嫁接,接触面大,嫁接后容易萌发。

(1)砧木选择。砧木选择地径0.6cm以上、木质化程度较高、健壮无病虫害的实生苗。

(2)嫁接时间。初夏,此时砧木枝条已经木质化,接芽近于成熟,雨季还没来临,嫁接伤流小,接后成活率高,嫁接时间越早,苗木的株高、茎粗、叶片数越大。

(3)嫁接。

①砧木切削。嫁接时先比好砧木和接穗切口的长度,然后上下左右各切1刀,深至木质部,再用刀尖挑出并拨去砧木皮。

②接合。从接穗取下带有生长点的芽片,放入砧木切口中,使它上下左右都与砧木切口正好吻合。接穗芽片小一些无所谓,如果接穗芽片太大,必须削小,

使它大小合适(图3-10)。

图3-9 切接(待绑缚)

图3-10 芽接愈合状

③包扎。用宽1.0~1.5cm、长30~40cm的塑料条将接口捆扎起来，露出芽和叶柄。

3. 芽砧嫁接

(1)接穗准备。剪取品质优良、枝条及芽体饱满、髓心小、粗壮光滑、无病虫害的延长枝进行接穗。接穗采后剪成10~20cm的短枝并进行蜡封，将接穗两端分别在石蜡中速蘸(1.5s以内)后，置于阴凉(5℃)处，用湿沙(相对湿度65%~70%)埋藏。

(2)嫁接时间。3月底至4月初。

(3)嫁接。将芽苗连同种子一起拿起，利用手术刀在离种粒4cm左右处快速削去上部，将削口的中间向下切开，长约1.5cm。选取薄壳山核桃优良品种的延长枝，带有2~3个芽，长6~8cm，削成薄楔形，而后插入砧木切口中，其中一侧与边缘靠齐，用医用纸质胶带粘紧，将芽苗进行物理断根后移栽到13cm×20cm的黑色聚丙烯塑料营养钵中。

(三)嫁接后管理

嫁接苗的培育工作主要是除萌(抹除砧木上的萌蘖)、解绑缚、中耕除草、施肥、雨季排水、适时浇水、断根等。

嫁接未成活的植株，应及时选留萌蘖，以便再次嫁接。嫁接成活的植株，及时剪砧，接芽梢生长至20cm时便去除绑条，适时将砧木芽抹去，避免与接芽争夺营养。为了避免风刮导致枝条折断，接芽长至20cm左右时用竹竿固定，防风折。接芽长至30cm后，每10天左右叶面喷施磷镁精、磷钾精或腐殖酸钠液1次。6月上、中旬结合灌溉进行追肥，每亩撒施尿素20kg，7月上中旬每亩施磷、钾肥25kg。结合松土及时除草，做到拔小、拔早、拔了，以免影响苗木生长。每年的春季至秋季及时除草，由于苗木较小，主要采用人工除草，每年除草5~6次。

(四)苗木出圃

嫁接苗在落叶后至次年春季萌发前都可出圃。薄壳山核桃按照苗木不同苗龄、高度、地径、根系状况等进行分级、打捆、标签，一级苗、二级苗可供栽植，三级苗不能出圃。根据苗高、地径及病虫害等情况将苗木分为三级：一级苗苗高150cm以上，地径1.5cm以上、无病虫害；二级苗苗高80cm~150cm，地径0.8~1.5cm、无病虫害；没有达标的为不合格的三级苗。薄壳山核桃裸根苗质量要按照林业行业标准《薄壳山核桃》(LY/T 1941—2021)执行，见表3-1。

表3-1 裸根苗木分级

苗龄	级次	外观	基径[1]（cm）	苗高[2]（cm）	一级侧根	
					平均长度（cm）	数量（条）
1(3)-1	Ⅰ级	须根发达，顶芽饱满。无病虫害和机械损伤	>1.5	>150	>30	>20
	Ⅱ级		0.8~1.5	80~150	10~30	10~20

1. 指经由接穗萌发的茎干基部直径；
2. 指经由接穗萌生的苗木茎干高度。

嫁接苗要求接口牢固、愈合良好，接口上下苗茎粗度要接近，苗干要通直，充分木质化，无冻害、风干、机械损伤及病虫害等，苗木根系劈裂部分要剪去。起运苗木最好选在阴天，每20~50株为一捆。需要长途运输的苗木，根系部分要填充保湿物，或在运苗前，将苗根部蘸泥浆或保水剂，用塑料薄膜包裹。并标记品种、数量。苗木外包装加挂标签，注明编号、品种、苗龄、苗木等级、出圃日期、本件株数、产地及育苗单位，收货地点及单位。苗木运输中应保证适当通风，严防重压、日晒和风干。到达目的地后立即栽植或假植。

其他措施同实生苗的管理。

四、大规格苗培育

(一)圃地选择

选择光照充足、土层深厚、土壤疏松肥沃、排灌方便、交通便利的农田或农耕地作苗圃。畦宽 1.6m，沟宽 40cm、深 30cm 以上，四周开好排水沟，沟深 40cm 以上。细致整地，施入氮、磷、钾三元复合肥 750kg/hm² 作基肥，并施入适量的杀虫剂(如 5%辛硫磷颗粒剂等)防治地下害虫。翌年春季，将硫酸亚铁 225~300kg/hm² 混入 20 倍细土，均匀撒入土中，预防苗木立枯病。精耕细耙，做到地平、疏松、土碎、无杂物，定植穴要求宽深均为 60cm，表土与心土分开放。

(二)定植苗木

一年生实生苗，高度 60~90cm，地径 0.6~1cm，根系完整、健壮，无病虫害。容器嫁接苗高 20~25cm，地径 0.6~1cm。

(三)挖穴及定植

大苗穴的规格为 40cm×40cm×40cm，挖穴应以栽植点为中心，挖成上下一致的方形或圆形的植树穴。初期定植密度为 1m×1m，667 株/亩[①]；以后随着苗木的生长，间苗出售，密度减小，密度调整为 2m×2m，167 株/亩。既充分利用土地，也为苗木生长提供充足的营养空间。

(四)移栽

1 年生苗根系长达 40cm 以上，应深挖深起，起苗后立即按 50 株/捆进行分包打捆，打捆后将苗木根系置于双吉尔-GGR6 号 100~200mg/kg 溶液泥浆中蘸浆，以利于保湿和栽植后生根成活。然后用塑料编织袋将苗包实，确保根、茎不失水，随起、随运、及时栽植。栽时穴施有机肥 5kg、钙镁磷肥 0.25~0.50kg，与表土混合拌匀，将苗木主根留 20cm，其余截断。栽植时，将表土与肥料混合后放入下层，再回土 20cm，放入苗木并扶正，根系不与肥料直接接触，覆土、压实，轻轻向上提苗，使根系充分舒展。然后浇足水，待水渗入土壤后，再在苗木根部周围覆土埋实稍高于土面 5~10cm，既可减少水分蒸发，也可起到蓄水作用。

[①] 1 亩=1/15hm²，下同。

(五)抚育管理

1. 除草

每年的春季至秋季及时除草,主要采用人工除草,每年除草5~6次;随着苗木的长高,使用百草枯、草胺磷等除草剂进行化学除草,每年4~5次。

2. 抹芽修枝

栽植第1年基本不需抹芽,第2年以后,于每年的5~6月对主干枝萌生的侧芽抹除,以利于主干枝的生长,形成优良的树形。

3. 浇水施肥

若遇到干旱季节要及时灌水,结合灌水或雨后给苗木施肥,施肥量苗木的生长逐年增加。栽植第1~3年,每年分3次施肥,第1次为4月中旬,苗木开始生长时,按每株施0.25~0.5kg复合肥,施肥方法为穴施,在苗木根部两侧20cm处挖穴深20cm施入肥料;第2次施肥时间为7月上中旬,施肥种类、方法和施肥量与第1次的基本相同;第3次为秋季,施有机肥,施肥量在3万~4.5万kg/hm^2。

(六)大规格苗木的质量

薄壳山核桃大规格苗木目前还没有统一的规定,但一定要注意的是,大规格苗木一定要粗壮,不仅要有一定的高度和地径,还要有发达的根系,避免生产和购买存在头重脚轻的伪劣大规格苗,因为这些伪劣大规格苗木可能难于成活,成活后的长势也比较差。

五、容器育苗

薄壳山核桃虽引入我国百年之久,但由于其育种周期长,良种评价选育工作进度缓慢、苗木扩繁技术相对落后、丰产栽培措施不足等诸多因素,限制了薄壳山核桃产业在我国的发展。特别是苗木扩繁技术,目前虽然选育出了适宜我国发展的少量良种,但苗木扩繁技术相对薄弱。目前薄壳山核桃在我国栽培面积已经超过70万亩,特别是在浙江、云南、江苏、和安徽等省份均有大面积发展,由于良种种苗供应不足、育苗良莠不齐,造成薄壳山核桃新造林为低效林,造林失败的案例时有发生。以前我国薄壳山核桃产业良种苗木培育多采用裸根苗培育,即采用薄壳山核桃种子,在裸露大田里播种,达到可嫁接标准后,采用薄壳山核桃良种穗条进行嫁接进而培育薄壳山核桃良种苗木。采用裸根苗培育方法培育出的苗木侧须根较少,不仅影响苗木质量,同时还影响苗木定植的成活率和保存率,且存在缓苗期;此外由于薄壳山核桃接穗较粗,砧木播种后第一年生长量较小,当年无法嫁接,需培育 2 年或以上才能用于生产上嫁接,培育周期较长,直接影响了薄壳山核桃良种苗木的扩繁周期,限制了薄壳山核桃产业的发展。

容器育苗即采用薄壳山核桃种子直接播种于容器中或种子经催芽后播种于容器中,培育 2 年达到可嫁接标准后,采用薄壳山核桃良种穗条进行嫁接进而培育薄壳山核桃良种苗木。容器育苗方法培育的薄壳山核桃苗木根系较裸根苗培育方法有较好改善,但是其砧木培育仍需要长达 2 年或以上时间,也极大地影响了薄壳山核桃良种苗木的培育周期,且圃地占用时间上,育苗成本高。采用薄壳山核桃大规格容器育苗方法,提供营造果用林的良种嫁接大苗,除了提高成活率和保存率外,使用大苗造林,可实现一次造林,一次成林,不需初植密度,减少用苗量,不需要间伐,林相整齐,实现早期丰产,第 3 年结果,5~7 年进入丰产期,大大缩短薄壳山核桃良种苗木的培育周期,改善苗木根系质量,提高薄壳山核桃良种苗木造林成活率和保存率。

(一)圃地选择

由于大苗培育需要较大的圃地面积,理想的圃地成本高,不需要当地的土壤,因此可以选择一些交通方便、但土地可利用程度不高的地段,充分发挥荒山荒地的作用是大规格容器苗培育的选择之一。如选择丘陵岗地,土壤较为黏重板结、通气性、持水性较差,但持肥性、排灌条件基本良好。选择这类土地,可有效提高土地的利用率。

(二)砧木培育

播种育苗容器袋和大规格苗容器袋的材质均宜采用无纺布容器袋,具有良好透气性,有利于根部生长,且污染小、可降解、价廉。较传统的黑色塑料容器、空气截根容器等,采用无纺布容器育苗根系有较好改善。砧木培育时,将薄壳山核桃种子点播在直径为 4~6cm,高度为 10~12cm 容器袋中进行播种育苗(图 3-11);育苗基质由重量比为 5:(2~4):(1~3)的泥炭、珍珠岩、蛭石混合而成。也可利用当地农村剩余物进行基质制备。

(三)换杯和嫁接

待薄壳山核桃苗木展叶,高度生长到 15~20cm 时将整个播种育苗容器袋放置于直

图 3-11 砧木用基质杯

径为25~28cm，高度为35~40cm大规格苗容器袋内继续进行育苗，即开展嫁接后的培育，嫁接方法同以上章节。大规格苗容器袋中基质由重量比为6：（1~1.5）：（3~2.5）的土壤、腐熟有机肥和农林废弃物混合而成（图3-12），土壤包括耕作土、塘泥的一种或两种，农林废弃物包括园林废弃物、锯末菌渣的一种或两种，园林废弃物包括枯枝落叶、树木与灌木剪枝等。由于薄壳山核桃嫁接成活后生长较快，因此大规格容器苗基质配方不适宜采用轻基质配方，为了苗木质量和后期管理方便，也不宜全部采用耕作土或塘泥。耕作土、塘泥不仅可以支撑嫁接成活后薄壳山核桃生长所需要的养分，同时也能保持嫁接后的薄壳山核桃良种苗木不会出现倒伏等状况，农林废弃物和园林废弃物的使用，可以做到废物利用，有利于环境保护，提高基质孔隙度，减轻大容器重量，从而改善薄壳山核桃的根部生长环境和方便后续管理。

图3-12　大规格容器杯（内套可降解无纺布小杯）

（四）苗木管理

1. 肥水管理

加大水肥管理是培养大苗的关键措施，生长季节需追施速效肥，4月、5月、6月每月至少追施一次，每18~22天追施一次等比复合肥（N：P：K=15：15：15）10~20g/容器，7~9月期间，每14~16天追施一次高钾有机无机复混肥（N：P：K=15：5：20）10~20g/容器。在施肥的同时配合灌溉使肥料更容易被吸收利用。有条件的苗圃要开展水肥一体化设施建设，将有利于水肥管理成本控制和苗木生长。一些高品质缓释肥的使用可以有效减少施肥次数。

2. 病虫害防治

4月、5月要注意防止警根瘤蚜,需喷 50%抗蚜威可湿性粉剂 3000~4000 倍,或喷 45%马拉硫磷乳油 2000 倍,或喷 50%丙硫磷乳油 1000 倍;如不防治,新叶长出虫瘿,影响苗木生长;5月、6月、7月天牛、金龟子发生危害,可喷 50%辛硫磷乳油、或 80%的敌敌畏乳油 1000~1500 倍;或喷 90%的敌百虫 800~1000 倍防治。对于小叶病、黑斑病、疮痂病,4月、6月、8月每月喷施一次喷施液,喷施液配制方法:将水 62kg、2-(4-氯苄基)苯并咪唑乙嘧硫磷-氟苯脲复配物 3~4kg、脂肪醇聚氧乙烯醚硫酸钠 1kg、吐温 600.8kg 混合、搅拌均匀,即得。

(五)苗木质量

薄壳山核桃种子播种在育苗容器袋中,播种苗当年 95%以上的砧木基部粗度可达 0.8cm 以上,即播种一年内就可作为砧木嫁接使用,较之将种子直接播种于大田 2 年及以上的时间才能达到嫁接要求,育苗周期可直接缩短 1 年。换杯至大规格苗容器袋中继续育苗,其苗木根系发达,形成一个根团,造林成活率稳定在 95%以上(图 3-13)。而裸根苗造林成活率不稳定,视苗木质量而定,一般在 30%~85%。传统容器苗造林成活率稳定在 90%以上,且定植后几乎没有缓苗期,当年枝条生长长度可达 60~150cm,而裸根苗当年造林枝条生长量一般在 5~40cm 之间。

图 3-13 大规格容器苗

薄壳山核桃容器苗质量要按照林业行业标准《薄壳山核桃》(LY/T 1941—2021)执行，见表3-2。

表3-2　容器苗木分级

苗龄	级次	外观	基径[1]（cm）	苗高[2]（cm）	一级侧根 平均长度（cm）	一级侧根 数量（条）
1(3)-1	Ⅰ级	容器无破损，须根发达，无窝根，顶芽饱满，无病虫害和机械损伤	>1.5	>150	>30	>30
1(3)-1	Ⅱ级	容器无破损，须根发达，无窝根，顶芽饱满，无病虫害和机械损伤	0.8~1.5	80~150	20~30	20~30
1(2)-1	Ⅰ级	容器无破损，须根发达，无窝根，顶芽饱满，无病虫害和机械损伤	>1.3	>130	>30	>30
1(2)-1	Ⅱ级	容器无破损，须根发达，无窝根，顶芽饱满，无病虫害和机械损伤	0.8~1.3	80~130	20~30	20~30

1. 指经由接穗萌发的茎干基部直径；
2. 指经由接穗萌生的苗木茎干高度。

六、注意事项

当前，由于档案数据不完整，育苗行业常常存在穗条来源不清、品种不明确导致苗木纠纷等问题，因此苗圃在经营过程中还需要注意档案管理工作，档案主要包括技术档案和经营档案，技术档案是苗圃生产活动的记录，包括穗条、种子来源和质量、肥料农药的规格和施用、育苗技术措施等。经营档案是苗圃经营中所发生事件的记录，包括穗条购置、种子购置、与购苗企业签订的合同、收款等。另外，苗圃要连续并且规范地记录、整理和保存好育苗档案，以备需要的时候能够进行查阅。

另外，缓释肥应用、微嫁接、一次性成苗等新育苗技术层出不穷，苗圃要紧跟技术进步的步伐，了解育苗动态，时常到育苗技术研发单位以及高新企业去参观学习，借鉴并逐步应用成熟的新技术，才能保证育苗的成功和持续发展。

参考文献

[1] 吴克强. 美国薄壳山核桃种植技术要点[J]. 云南林业, 2015, 36(2): 67.

[2] 沈素君, 徐奎源, 游世宏. 薄壳山核桃良种壮苗培育技术[J]. 现代农业科技, 2021(1): 119-120.

[3] 唐梦华. 薄壳山核桃丰产栽培技术[J]. 现代园艺, 2020, 43(15): 82-83, 101.

[4] 赵磊. 薄壳山核桃实生苗高效繁育技术研究[D]. 合肥: 安徽农业大

学, 2020.

[5] 杜洋文, 邓先珍, 周席华, 等. 美国山核桃采穗圃修剪技术研究[J]. 西南大学学报(自然科学版), 2020, 42(5): 95-101.

[6] 何庆景, 张楠楠, 田献润. 薄壳山核桃嫁接育苗技术[J]. 果树实用技术与信息, 2020(4): 23-26.

[7] 程铁飞. 薄壳山核桃育苗与造林技术[J]. 现代农业科技, 2020(1): 129-131.

[8] 黄兴召, 黄坚钦, 常君, 等. 山核桃培育技术规程(LY/T 2131—2019)[S]. 2019.

[9] 常君, 任华东, 郑文海, 等. 一种薄壳山核桃两段容器育苗方法[P]. 浙江省: CN110122297A, 2019-08-16.

[10] 徐会敏. 美国薄壳山核桃栽植技术[J]. 江西农业, 2019(14): 19-20.

[11] 全国林业有害生物防治标准化技术委员会. LY/T 2852—2017, 山核桃有害生物防治技术指南[S]. 2017-06-05.

[12] 全国林木种子标准化技术委员会. LY/T 2433—2015, 薄壳山核桃采穗圃营建技术规程[S]. 2015-01-27.

[13] 国家林业局. LY/T 2315—2014, 薄壳山核桃实生苗培育技术规程[S]. 2014-08-21.

[14] 习学良, 茶惠军, 茶跃龙, 等. 一种薄壳山核桃营养袋苗培育方法[P]. 云南: CN103828677A, 2014-06-04. 授权.

[15] 张计育, 翟敏, 宣继萍, 等. 一种薄壳山核桃育苗栽培方法[P]. 江苏: CN103039254A, 2013-04-17. 授权.

[16] 翟敏, 张计育, 宣继萍, 等. 一种薄壳山核桃的插皮嫁接方法[P]. 江苏: CN103039277A, 2013-04-17. 授权.

[17] 吴静, 石连贵. 美国薄壳山核桃实生苗繁育试验[J]. 江苏林业科技, 2011, 38(5): 42-43.

[18] 张雨, 宁德鲁, 毛云玲, 等. 美国山核桃栽培技术规程(LY/T 1941—2011), 2011.

[19] 耿国民, 朱灿灿, 周久亚, 等. 一种薄壳山核桃当年播种当年嫁接的育苗新技术[P]. 江苏: CN102057851A, 2011-05-18.

[20] 江西省质量技术监督局. DB 36/T 893—2015, 美国薄壳山核桃嫁接育苗技术规程[S]. 2015-12-21.

[21] 任华东, 姚小华, 常君, 等. LY/T 1941—2021 薄壳山核桃[S]. 2022-01-01.

第四章 薄壳山核桃栽培技术

我国引种薄壳山核桃始于19世纪末20世纪初,迄今已有100多年的历史。我国现有20多个省(区、市)引种栽培薄壳山核桃,但均未能形成大规模的商品性生产,一些地区早期存在引种的盲目性,在未开展区域化栽培试验的情况下引种了大量品种,品种适应性参差不齐。国内的育种工作最初根据表型选择品种,一些大果品种的实生后代大量被栽种,遗传范围窄,实生子代中难以选优。其次由于对各品种的生物学习性不甚了解,在品种选择、种植密度、种植方式等方面没有形成配套的栽培技术,导致产业发展受阻。良种配良法,根据生产目的选择适宜的栽培方法才能成功造林,获得经济效益和生态效益。

薄壳山核桃栽培技术主要包括种植园选址、立地条件改善、品种选择及配置、造林模式、造林密度等方面。

一、我国薄壳山核桃适栽区划分

薄壳山核桃原产地为美洲,属于外来引种。我国引种薄壳山核桃的时间较早,其栽培区较广,北起河北,南至海南岛,东起江浙,西跨云贵高原。目前安徽、云南、江苏、浙江、湖南等地区较多,主要分布在我国的亚热带东部地区。

薄壳山核桃是否能适应引种地区取决于薄壳山核桃原产地与引种地的生境条件是否接近,以及薄壳山核桃自身的适应能力。两地的生境条件越接近,引种成功率越高,其中经度、纬度、气温、土壤、降水、日照、海拔等是最重要的生态因素,其次由于不同品种间生物学特性的差异,在新环境中表现出不同的引种结果。在分析新环境生境条件前应先充分了解薄壳山核桃各品种的生物学特性,清楚各生态因子的适宜范围,再与新环境因子对比,以确定引种的可行性。只有薄壳山核桃生长发育各阶段与引种地生态因子相协调,才能确保引种成功。

中南林业科技大学张日清教授等人运用林木引种气候预测的方法展开了相应的研究,根据薄壳山核桃原产地和我国各地区气候生态因子的差异,以及我国前期引种效果,将我国划分为4个薄壳山核桃栽培区,分别是适宜区、次适宜区、边缘区和不适宜区。具体划分如下:

(一)适宜区

在$100°\sim122°E$、$25°\sim35°N$的亚热带东部和长江流域,包括浙江、江苏、安徽、上海、福建、重庆、湖南、江西以及湖北大部、四川东部和南部、贵州东北部以及河南南阳、驻马店以南的部分地区。这些地区是我国引种薄壳山核桃较早的地区，也是我国薄壳山核桃栽种的主要区域。本区域内薄壳山核桃引种表现良好，树体生长正常，坚果饱满，在较高的管理水平下薄壳山核桃的生长量以及坚果经济形状不亚于原产地的平均水平。

（二）次适宜区

本区可分为南、北两个亚区。南部亚区包括贵州大部、云南（大理以南、景洪以北）、广东（韶关、南雄以北）和广西（桂林以北）。北部亚区主要包括山东、湖北（十堰以北）、陕西（西安以南）、河南（南阳、驻马店以北）和河北（石家庄以南）。薄壳山核桃在云南省引种成功，表现良好，产业发展潜力大，其余地区栽种数量相对均少，虽然薄壳山核桃在北部地区能正常生长，但是结果量少，果实偏小，坚果不饱满。

（三）边缘区

由北部亚区和南部亚区组成。北部亚区包括天津、北京全部和辽宁（辽东湾）、河北（石家庄以北）、山西（太原以南）、陕西（延安以南西安以北）、甘肃（兰州以南）和四川（松潘）部分地区。南部亚区包括云南（景洪以南）、广西（桂林以南、柳州以北）、广东（韶关、南雄以南，英德以北）和台湾（台北以北）的部分地区。在本区域曾有引种薄壳山核桃的活动，虽然树体正常生长，但均不能正常结实。

（四）不适宜区

分为北部亚区和南部亚区。北部亚区包括黑龙江、吉林、内蒙古、青海、新疆、西藏全部和辽宁中北部、山西中北部、陕西北部、宁夏固原以北、甘肃中北部、四川西北部等地区。南部亚区包括海南全部和广西柳州以南、广东英德以南和台湾台北以南的地区。由于气温过低或过高，薄壳山核桃在此区域的生长和结实均不正常。因此本区域不适栽种薄壳山核桃。

二、我国各栽培区自然生态环境及引种表现

（一）适宜区

本区域是我国引种薄壳山核桃最早的地区，也是我国薄壳山核桃的主栽区。此区薄壳山核桃生长良好、树体健壮、结果多、坚果饱满品质高。本区域属于亚

热带湿润季风气候，气候温暖湿润，四季分明。全年平均温度为15~20℃，1月平均温度为-1.6~8℃，7月平均温度为30~36℃，本区极端最低气温为-20~-1℃，≥10℃年积温为4800~6500℃，无霜期为217~325天，年降水量为950~1500mm，雨量指数为59.9~82.7。本区域的气候条件与美国主产区相差不大。

薄壳山核桃在本区表现出较强的抗寒性和一定的抗病虫害能力。薄壳山核桃在该区内适应性较强，小范围内的树体生长、结实等性状及坚果品质甚至超过原产地平均水平。根据江苏、浙江、安徽、云南以及湖南等省薄壳山核桃结果树的表现得知薄壳山核桃在以上区域生长发育均表现良好。在南京的适应性评分高达92分，30年生薄壳山核桃平均高度16.7m，单株平均结实可达18kg；安徽立地条件好的地区结果率高，生长健壮，可作为果材两用树种；云南中部和南部生长结实良好，该省已将其作为优良干果树种进行大量发展；湖南地区薄壳山核桃树体健壮，果实品质好。

(二)次适宜区

本区域南、北两个亚区均属亚热带湿润季风气候，温暖湿润，四季分明。北部亚区全年平均温度为12~14℃，1月平均温度为-8~-4.7℃，7月平均温度为30~32℃，极端最低气温为-26~-18℃，≥10℃年积温为4300~4700℃，无霜期为195~218天，年降水量为600~685mm，雨量指数为44.8~48.2。南部亚区全年平均温度为15~24℃，1月平均温度为1~10℃，7月平均温度为24~33℃，极端最低气温为-8~4℃，≥10℃年积温为4200~6600℃，无霜期为226~322天，年降水量为780~1600mm，雨量指数为32.9~76.0。

山东早在20世纪60年代初就引种了薄壳山核桃，实生树10~12年开始挂果，嫁接树5~6年开始挂果。在山东省内有一些结果大树，青岛等地还有小面积片林，16年生树平均高8.5m，平均胸径可达20cm，该区栽种的薄壳山核桃90%以上能结果，但是由于坚果性状表现不佳，整个产业发展受阻。云南省林业科学研究院在20世纪70年代曾引种过美国山核桃，实生播种大树在栽后8~13年均正常结实，单株平均产坚果达30kg。云南省薄壳山核桃产业在80~90年代发展较快，现在全省11个地州市20个以上县均有种植，仅宁洱县栽种面积就超过6万亩。

(三)边缘区

北部亚区属于暖湿带气候，大部分为半湿润区。该区全年平均温度为9~13℃，1月平均温度为-12~-5℃，7月平均温度为23~32℃，极端最低气温为-27~-21℃，≥10℃年积温为3200~4100℃，无霜期为168~195天，年降水量为

330~680mm，雨量指数为36.5~61.5。此区域曾有过引种薄壳山核桃的历史，但引种效果并不理想，如北京植物园内40年生大树树体生长正常但不能结果，辽宁省引种的薄壳山核桃在此区域适应性不强，枝梢受到低温冻害，生长缓慢，不能结实。因此纬度偏高的地区由于积温不够，水热条件差，薄壳山核桃未能正常分化出花原基，其次冬季及早春低温导致枝梢受冻害，生长及结实均受到影响。

南部亚区属于南亚热带湿热季风气候，该区全年平均温度为20~22℃，1月平均温度为0~12℃，7月平均温度为33~34℃，极端最低气温为-5~-2℃，≥10℃年积温为6300~8000℃，无霜期为265~337天，年降水量为1700~2000mm，雨量指数为87.5~91.81。在我国低纬度地区，由于气温偏高，未达到花芽分化期前对寒冷度的要求，薄壳山核桃在此区域也不能结实。因此在本区域薄壳山核桃不适宜作为果用林进行经营栽培，但是作为用材林或绿化景观林树种进行栽植是可行的。本区域内有些局部地区的水热条件较好，因此薄壳山核桃在这些地区也能取得较高的产量。

(四) 不适宜区

北部亚区气候类型多样，东北区属温带季风气候，自西向东依次为半干燥、半湿润与湿润气候区；华北区属暖温带气候；蒙新区为温带、暖温带的干旱与半干旱气候区；藏区兼有寒带、温带、亚热带和热带多种气候特征，最为复杂。全年平均温度为2~10℃，1月平均温度为-25~-6℃，7月平均温度为20~30℃，极端最低气温为-38~-16℃，≥10℃年积温为680~3350℃，无霜期为33~181天，年降水量为200~750mm，雨量指数为24.2~286.4。南部亚区属热带湿热季风气候，气温偏高，降水多，全年平均温度为22~24℃，1月平均温度为9~17℃，7月平均温度为28~34℃，极端最低气温为-2~-3℃，≥10℃年积温为7400~8700℃，无霜期为265~365天，年降水量为1280~2000mm，雨量指数为59.3~91.8。

本区气温对薄壳山核桃的生长和结实影响较大，成为该区种植薄壳山核桃的限制因子。根据辽宁沈阳和广西南宁过去的引种表现可知薄壳山核桃在本区域适应性不良，生长缓慢，树势弱，不能正常结果，或因夏季持续高温而死，或因冬季气温太低而死。因此本区域薄壳山核桃既不能作为果用林也不能作为材用林发展。

在引种薄壳山核桃前必须要了解其生态习性，根据引种地与其生育环境是否协调来预测是否能成功引种。其中首要考虑的就是气候因素，此外土壤是决定建园选址时首要考虑的因素，只有在气候条件适宜基础上选择适宜的土壤建园才能获得较好的引种效果。其次在一些边缘区或次适宜区内局部地区气候及水热条件好，引种效果不亚于适宜区，可作为重点发展区域。虽然薄壳山核桃在我国所有亚热带东部和长江流域的表现良好，但是在引种过程中仍要重视区域化实验，不能直接参考原产地或其他地区的表现，否则会造成大量的人力、物力和财力的浪费，给林农造成损失。

三、果用林栽培技术

果用林经营方式以产果为主要目的，以获得优质高产的薄壳山核桃为目标，追求经济效益最大化。果用林经营模式投入多、经营管理技术要求高、经济效益好、收益时间长。

(一)造林地选址

年平均温度在 13~20℃，夏季平均温度为 24~30℃ 且昼夜温差较小，冬季平均温度为 -1~10℃，1 月平均温度为 4~12℃，最低温为 -18~-8℃ 的地区较适宜薄壳山核桃的生长；全年 ≤7.2℃ 的寒冷度不得少于 500~750 小时，足够的低温时间有利于打破休眠、促使种子正常发育、植株正常萌芽、花芽分化；无霜期 180~280 天能满足大部分薄壳山核桃品种正常生长、开花结实的要求，我国南方部分地区由于无霜期较长导致坚果不能成熟，果品品质下降；生长季 ≥10℃ 的年积温 3300~5400℃ 的地区热量充足、生长期长，果实发育正常、果仁饱满，反之在我国北方一些地区由于年积温较低坚果不能成熟甚至结实困难。一般在中亚热带和南亚热带半湿润或湿润气候带建立种植园。薄壳山核桃是喜光树种，光照条件对薄壳山核桃生长影响较大，日照不足树体生长缓慢、结实时间延后并且结实少，甚至不能结实。

薄壳山核桃生长发育过程中对水分的需求量很大，充足的水分对于其存活、生长和果实发育非常重要。如果在定植后不及时灌溉会降低幼苗成活率，幼苗缓苗期时间延长，生长也会放缓，果园成园慢。成年树在春季萌芽抽梢期、坚果膨大期、果仁填充期、油脂转化期以及青皮开裂期对水分的需求较高，缺水将直接导致花芽形成受阻、坐果率低、果实空瘪或不饱满、青皮不开裂，产量和品质都受到严重影响，经济效益受损。因此，在选择园址时水源充足是首要考虑的因素之一。

薄壳山核桃是深根系高大乔木，果园应选在平原及坡度 15° 以下的山区和丘陵缓坡地带。土层深厚，厚度要求在 1m 以上，土壤盐度在 0.3% 以下，排水及保水性良好的土壤非常适宜种植薄壳山核桃，土壤 pH 值为 5.8~8.0 时能正常生长结果，以中性至微碱土(pH 值为 7.0~8.0)最为适宜。

造林地应选在交通方便、地势开阔平坦、相对集中连片地块或者光照长的阳坡或半阳坡，便于经济林产品加工、贮藏、运输和销售。造林地周边环境应远离污染源，空气、土壤和灌溉水等各项指标应符合食用林产品产地环境通用要求（LY/T 1678—2014）。

依据地形、面积和种植的品种划分小区。小区形状、大小和方位的设置应以作业方便，能充分发挥机具效益，便于水土保持，便于水、肥、土管理，便于采收运输为原则。陡坡、土层薄、阴坡等地方不适于种植美国薄壳山核桃，可种植其他果树或用材林。种植园内的道路一般设有干道和支路。干道供车辆和机具通行，位于小区中间，通常宽3~5m。支路宽1~1.5m，供手推车和人行。

（二）品种及苗木

应选择国家或省林木品种审定委员会审（认）定，或者由省级林业主管部门推荐的，适宜当地栽培、生长强健、抗逆性强、丰产性好、产品品质优良的薄壳山核桃良种。近年来我国通过引种选育和实生选育，选育了一些适合国内种植的品种，如'波尼'、'威奇塔'、'斯图尔特'、'金华'、'密西西比'、'特贾斯'、'绍兴'系列、'南京'系列及'钟山'系列等。薄壳山核桃雌雄异花同株、雌雄异熟，自花授粉结实率不高，在选择品种时还需要考虑授粉树的配制。一般每亩配置授粉树1~2株。

早期由于无性繁殖技术的限制，国内大多数栽种区采用的是实生育苗，但是性状不稳定导致品种混乱、品质不高、林分良莠不齐。随着嫁接技术的突破，果用林造林采用1~2年生的优良品种本砧嫁接苗进行造林，既保证了核果的质量和产量，也便于管理，达到速生丰产的生产目的。果用林采用的嫁接苗分为容器苗和裸根苗两种。容器苗采用温室或露地催苗后移栽至容器中，移栽前处理主根，促使侧根萌发，容器苗侧根丰富，根系完整，移苗后几乎不存在缓苗期，移苗后存活率高，成园快、林分整齐。裸根苗采用直接播种或催苗后直接移栽，未对主根进行处理，表现为主根发达，侧根少，移栽后根系恢复困难，生长相对缓慢，存活率低，影响快速建园，补栽多次后还存在缺株现象，最终导致"费时、费事、费钱"的结果，果园效益受到影响。

按照DB34/T 2638—2016标准，嫁接苗满足地径大于1.5cm，苗高大于100cm，根系长度大于25cm且根幅大于30cm的二年生裸根苗或者地径大于1.0cm，苗高大于60cm，根系长度大于25cm且根幅大于30cm的一年生容器苗均为Ⅰ级优良苗木。

（三）林地整地

整地之前要对林地的草灌丛、枯木伐桩等进行全面砍除、清理，可以减少病虫害来源。一般选择在入冬前完成林地清理和整地。常用的整地方式有全垦整地（图4-1）和带状整地。

图4-1　薄壳山核桃林地全垦

全垦整地适合在平坦或缓坡地，坡度在15°以内采用。先砍除杂草灌木，再全面挖掘深翻，翻耕深度为25~30cm，清除石块、树根等杂物，让土壤熟化，然后挖穴。用机械整地开挖，深度可达100cm。全垦后沿水平等高线每隔6~10m，开挖一条30cm的拦水沟，大雨时可降低流速，使水渗入土中，增加土壤湿度，并防止水土流失。

块状整地适宜在水土保持要求较高的水塘、水库和交通沿线等地，以及四旁隙地或地形破碎的山岗地段采用。按造林株行距确定栽植点，然后按规格挖穴，清除石块、树根等，要将挖出的石块等杂物置于穴的下方形成拦水埂，表土和心土分别堆放，先以表土填穴，最后以心土覆在穴面。只在造林穴1~2m进行土壤操作，其他地方只砍不挖。

坡度大，经济条件好的地区采用沿等高线带状整地（图4-2）或穴状整地，挖种植带时要防止造成水土流失。对于在丘陵山地种植薄壳山核桃，尽量装备水肥设施（图4-3），以保证后期的高产稳产。

（四）定植及管理

我国每年11月上旬至12月下旬，2月上旬至3月中旬均可栽植薄壳山核桃，在华东地区以及南方地区，建议秋冬季种植，即落叶后种植，种植越早越好，利于根系恢复，次年生长好。华北地区早春为宜。定植时间一般不宜过早或过晚，过早苗木还未休眠，过晚苗木已开始生长，均影响定植后存活率，具体时间视土

图 4-2　薄壳山核桃撩壕整地

图 4-3　薄壳山核桃基地水分设施

壤墒情决定。

初期密度可为 5m×5m（图 4-4），早期可获得一定效益，增加土地使用率，降低管理成本。果用林初期种植密度不可超过每亩 26 株，可搭配林下种植或畜牧养殖缓解前期经济压力。薄壳山核桃为高大乔木，在水肥充足、合理管理条件下生长迅速、很快就会郁闭、通风透光不畅，影响树体生长和花芽分化，导致产量低、品质差、果仁不充实，大小年明显。一般在建园 8~10 年后树体之间互相遮阴，在果实产量下降时可隔株间伐，保持每亩 12~14 株；20 年后间伐至每亩 6~7 株，使果园达到通风透光、提质增效的目的。

图4-4 薄壳山核桃种植

一般采用嫁接苗,也可以直接在穴内播种,立苗再嫁接可解决根系受损的问题。定植时按株行距定点开穴,土层深厚地区采用规格100cm×100cm×100cm,土地贫瘠地区采用规格150cm×150cm×120cm。在种植穴的底部及周围撒0.5kg生石灰粉进行消毒防虫。定植时,可根据土壤条件每穴可施10~20kg腐熟农家肥做基肥,与表土混合均匀后回填到定植穴底部。嫁接苗种植前先修剪过长的根以及坏根,卸除嫁接口薄膜,用100mg/L的生根粉液浸根1~2小时再种植,种植时保持根系舒展,且苗根不能与基肥直接接触。容器苗则应解除容器后保持土球完整,直接栽植。树苗置于种植穴中心并扶正。心土经过30天以上冷冻后可改善土壤生态环境,增加土壤中有机质以及微生物含量,增加土壤透气性。心土回填高于穴面,用手握住苗木的嫁接口下部轻提一下,使其苗根舒展,根茎与穴面一样高,再用脚把土踏实,几次提苗后根系与土充分贴紧,栽植深度以埋住根系以上5cm为宜,嫁接苗接口要露出土面。穴表填土修成直径70cm左右边高中低的树盘。栽植后要注重水分管理,及时浇足定根水,用1m³地膜覆盖于根际,并在地膜上覆盖厚达2cm土壤、压实;或在苗木根际四周,放置一些稻草等覆盖物并压上1cm土壤,以利于保温、保湿、防止杂草生长,提高成活率。到雨季来临之前,每隔15~20天对所种植的苗木要浇一次水,保证根系土壤时刻保持湿润,雨季到来后撤除地膜。4~10月应及时抹去砧木萌发出的芽,专人管护以防止人畜践踏破坏。

裸根苗定植当年裸根苗生长十分缓慢,当年新梢只能生长20cm左右,缓苗期一般1~2年,缓苗时间长,存活率低。为了提高裸根苗存活率,可在早春薄壳山核桃萌动前挖取地径2~3cm裸根苗,置入流水中浸泡24小时,再置入生根剂中浸泡12小时(图4-5),生根剂按照1kg水中加入200mg GGR6和3mg 6-BA配制而成,通过此方法造林存活率由传统造林方式的30%提高到90%,造林成本降低50%。或者将定植后的薄壳山核桃地上部分全部用厚度为0.01~0.02mm的聚氯乙烯膜、聚乙烯膜、聚丙烯膜或聚苯乙烯膜包裹,在萌芽前撕破芽眼处的塑料薄膜,当新芽长到1~2cm时,去除塑料薄膜,该法可避免薄壳山核桃的缓苗期,当年新梢可达60cm以上,提高成活率,促进种植园早成林、早丰产。

图4-5 一年生裸根嫁接苗及根部蘸泥浆

对于采用胸径7~8cm大苗造林的,起苗前一周对苗木根部适当补水,必须在当年树叶落光后起苗,挖苗遇有粗根时要用快刀斩断保证切口平滑,以利伤口愈合和生长须根,利用保湿性较好的草绳对土球进行包装处理(图4-6),土球直径为50~60cm,对树干使用湿润的砧木进行包缠保护,使枝干保持湿润。在主干第一层分支处保留个主枝及一个侧枝,其余过长的枝条锯断或剪除,伤口进行处理。挖长宽高各为100cm的种植穴,穴底部填垫15~25kg有机肥,置入薄壳山核桃大苗,回填一定厚度的肥沃表土至土球厚度的2/3时,浇一次透水,再将土填满。搭架三角桩式支架,支撑时垫上隔垫,支撑点为树体高1.8~2.2m处,并进行病虫害防治。

四、果材兼用林栽培技术

薄壳山核桃果材兼用林可以培育大果型,产量高的优质果品,同时可以培养生长快,产量高的优质木材,兼顾了薄壳山核桃果实生产和木材培育的双向发展。材果两用实生薄壳山核桃还可作为农田林网、防护林、河道造林树种,具有显著的经济效益、社会效益和生态效益。

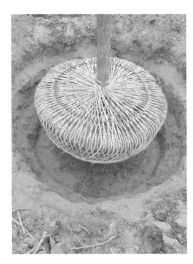 

图 4-6　薄壳山核桃大苗土球包裹及种植

(一)造林地选择

薄壳山核桃造林地除了选用平地外,还会选择山地和丘陵地,并且可以路旁、沟边、村边和宅旁等"四旁"地段,以农田防护林、农林间作等土地为主,适量连片栽培。根据适地适树适品种原则,造林地要求土层厚度在1m以上、土质疏松湿润、土壤肥沃,河流沿岸及平原地区最适宜,村前屋后、道路两旁、公园及住宅小区等零星空地内也可栽植,加大了木材资源的种植面积,并提高生态防护效益。

(二)品种及苗木

选用合格的实生苗进行造林,合格苗标准应符合 DB34/T 2638—2016 有关要求。在四旁或农田林网以及农林复合经营中,鼓励采用薄壳山核桃大苗造林。选择3~5年生、高度在5m以上根系发达的优良品种嫁接苗(图4-7、图4-8),或者选择苗龄4~6年,苗高3.5m以上,胸径6cm以上,具有2~3盘主枝,且第一盘枝枝下高达2m以上树势良好,生长健壮的实生苗。另外,为达到材果两用的造林目的,注意选择主干通直、树形好、材质优的品种。从现有薄壳山核桃优良品种中选择生长速度快、果个大、丰产性好的品种作为主要栽培品种,占总量的80%,授粉品种占总量的20%,造林可以达到整齐化、标准化、规模化的效果。主栽品种与授粉品种栽植距离控制在80~150m以内,分行配置或混杂配置。授粉树应选择花粉量多、花粉发芽力强的品种,对于零星栽培的薄壳山核桃,也可选择具有一定自花授粉能力的品种,如'波尼'等。

图 4-7　一年生带土球实生苗　　　　图 4-8　三年生带土球嫁接苗

(三)林地整理

整地及其相应的土壤改良将会给薄壳山核桃果材兼用林的建立打下良好的立地基础。林地清理及整地全面砍伐林地上的杂草杂灌，挖除树蔸，清理碎石、垃圾等。苗木定植一个月前完成整地、挖穴，以利于穴土充分回落。整地方法包括全垦、带状或穴状，深翻 80cm 以上，预留林道和作业道。平地要开沟起垄，沟深、宽各 1m，做好保水措施，防止水土流失。不同地形的土地采取不同的整地方法，对于平地及地势平坦的土地，在种植带上挖深 1.5m、宽 1.2m 的定植沟，挖土时将表层土放在一侧，深层土放在另一侧，在定植沟里铺 50cm 的腐熟有机肥，然后将表层土回填到定植沟里。施底肥可充分改善土壤环境，增加土壤有机质含量、透气性和透水性，提高土壤中微生物的含量，并增加土壤底层肥力，有利于薄壳山核桃根系向下生长，增加抵抗台风的能力，还可以为薄壳山核桃生长提供足够的营养，缩短了薄壳山核桃果材兼用林建成时间。深层土经过 30 天以上 10℃ 以下的低温，回填到定植沟里，回填土与原来地面平行；对于山地和丘陵地块，按等高线挖沟整地或修筑品字状鱼鳞坑整地。

(四)定植及管理

秋季落叶后和春季萌芽前均可栽植，但以落叶后及早春栽植最好。春栽在 3

月中旬至萌芽前进行，秋栽在10月下旬至12月下旬进行。栽植前，土壤墒情要好，最好选择在一场透雨后进行。

薄壳山核桃材果两用林一般用实生苗造林，按照苗木根径6~8倍确定土球大小起苗。起苗后剪除根部先端0.5~1.0cm的根系，主根长度保留35cm左右，断根截面直径15cm左右，并保留根周围的泥土。随即用ABT生根粉处理，用100~150g 70%酒精将1g ABT 3号生根粉化开，加水10~13kg稀释后，用喷雾器均匀地喷湿土球外根系，再用草绳把土球包扎成网状。大苗装车前要修枝，去除断枝、病枝，大的锯口涂上伤口保护剂，装车时苗木整齐摆放，树冠部分拉好风绳，长途运输需对苗木进行覆盖。

早期初始行间距为40cm×40cm，为培养干型，定植密度为5m×5m或者是6m×6m，初始密度为27~33株/亩，最终密度为4~17株/亩，东西向定植，采用梅花桩种植方式。单行栽植，初始株距为4m，最终株距为8m。穴规格为1.2m×1.2m×1.2m。此密度及排列形式可使林地通风透光、减少病虫害，也利于大面积的机械化、自动化的修剪和收割工作，便于发展林下经济。

定植前每穴施20~30kg农家肥、0.8~1.0kg过磷酸钙、0.5kg钾肥，回填30cm表土，与肥料拌匀，再覆20cm细土，避免肥料与苗根直接接触造成烧根。将薄壳山核桃苗木放在定植带上，栽植时先将树木放入穴中，扶正。利用挖机将土附在树苗的周围，覆土高度高于地面20~30cm，把土踩实，确保树木根系与土壤密切接触，再沿外露的土球四周围土，沿土球的边打围子，方便灌水。需要注意的是宜浅栽高培土，不宜将苗木埋得过深，尤其在穴土比较疏松的情况下，栽植深度要考虑土层下沉程度。

树木移栽后要及时浇水，第一次浇水也叫生根水，把水倒入打好的土围内，水浇透后再次填土，把围子填平。第二天再浇一次，等水渗完后，再覆一层细土，此时不能压实，防止土壤板结。旱天10~15天要补一次透水。浇水后及时在树盘外围培土，高约30cm，呈中间低四周高的馒头形，然后覆上地膜(图4-9)，再用土压盖80%以上，起到防草、保温、保湿的作用。定植后可

图4-9　薄壳山核桃幼苗定植后薄膜覆盖

采用漫灌，保证浇透水。以后根据旱情，每隔2月浇水一次。移栽后用三角木架支撑，防止定植苗被风吹倒。

修枝能促使树体直立向上，对主干上部分主枝逐步修剪，使主枝稀疏交错排列，形成良好的骨架。定植后管理，将苗木3m以下枝条全部去除，在高3.5m处定干，3~3.5m的枝条全部短截，以保证3m以下无结疤，更好地满足市场需求。树形采用主干分层型，修剪主要采取短截的方式，可根据树势生长情况，逐年提高树干高度，以形成更多的木材。4~5年内培养好丰产的树形，丰产的树形一般有主干、疏散、分层，主侧分工明确，结果枝分布合理。

及时除去行间杂草，灌溉方式采取滴灌，每隔3天滴3天，始终保持土壤湿润；7月和8月，每2周进行1次叶面喷锌，施肥时在树体外围30cm处开深15cm，宽10cm的环状沟，按氮肥与磷肥2∶1施肥，每株施15g，施肥后浇水。冬季剪去老弱病枝、枯枝。组织人工捕捉和杀虫灯诱杀蛀干性害虫。

五、风景林栽培技术

(一)绿化观赏树栽植技术

薄壳山核桃树体高大，较速生，且主干明显通直，树形开张，冠幅较大，树姿优美，枝叶繁茂，生命周期长。春季可观叶、花，薄壳山核桃雄花为柔荑花序，部分品种的雌花为红色，观赏性较高。夏秋两季不仅可观果，还可在大树下乘凉，果实和叶片相映生辉。冬季虽然落叶，可树枝形态优美，也具有一定的观赏价值。薄壳山核桃能美化环境、改善景观，是庭院、街道、公园等区域的生态经济、景观绿化的首选树种之一。

1. 造林地选择

若选在公园、居住区、企事业单位附属绿地造林，要根据造林地的土壤条件进行选择。盐碱地、污染严重的地区不适宜栽种薄壳山核桃。栽种地必须要满足薄壳山核桃对肥水、光照的需求，在建筑旁种植时需注意是否光照充足，缺少光照时薄壳山核桃发育不良、生长缓慢，枝叶稀疏，薄壳山核桃种植地需离高大建筑物15m以上才能保证良好的光照条件。

2. 品种及苗木

一般选用较速生、主干通直、抗病虫害的优良品种造林，以2~3年生大苗为宜。在道路或公园作为行道树、景观树种时也可采用实生苗栽植。作为道路绿化树时，一般选用树干直径8~10cm、生长强健、树冠完整、分枝点高于4m的薄壳山核桃苗木列植在道路两侧。

3. 栽植方式

(1) 孤植。薄壳山核桃是高大乔木，树冠开张，姿态丰满，叶片呈镰刀形，叶色随季节变化，果实为长卵形，3~5个果一簇，雄蕊为柔荑花序，是园林绿化中优良的观叶、观花、观果、观形孤植树种之一。薄壳山核桃春夏季枝盛叶茂，不同树形在视觉上有较强的吸引力。可孤植于绿化区域的重要位置，如空旷地、草地、庭院中、建筑前，也可孤植于池边、水畔、广场、山头等。

(2) 对植。薄壳山核桃树冠庞大而形态美观，主干明显、侧枝粗壮，分布均匀舒展，绿荫浓密，与鸡爪槭、阴性、水杉、三角枫、枫香、乌桕等色叶树种相映成趣，形成色彩上的深浅过渡。若与黄栌、海棠、樱花等具有一定特色的树种搭配栽植，可渲染出具有丰富层次的春秋季特色景观。也可在园林绿地出入口、建筑出入口等地按一定的轴线对称栽植2株薄壳山核桃，起到对景或烘托主景的作用。

(3) 列植。将薄壳山核桃作为绿荫或防护带列植在道路两侧的人行道上、草坪上或隔离带中，不仅可以遮阴滞尘、降低噪音，还可以美化环境。除此之外，在建筑前、水池边、河道旁、坡地边缘等处也可采用列植的方式种植薄壳山核桃，形成一定的景观。薄壳山核桃作为行道树，气势壮观，美化和绿化效果甚好。在树下搭配种植常绿灌木或者花卉，可营造一年四季不同的景观效果。

(4) 丛植。挑选在树姿、花型、枝叶分布及色彩等方面有较高欣赏价值的薄壳山核桃做树丛，可分为纯林树丛和混交树丛两种形式，可用作庇荫、主景或配景。作为蔽荫用时，可采用薄壳山核桃纯林形式，不用或少用灌木配植。而作为主景与配景用时，则采用与其他乔木混交的形式，薄壳山核桃作为落叶树种中的骨干背景树种与常绿阔叶乔木相互映衬，既丰富了景观层次，又增加了景观植物的种类。

(5) 群植。主要用于薄壳山核桃种植园或林相改造，通过大面积栽植薄壳山核桃营造出较有气势的景观，开阔的景象产生强有力的感观震撼。秋季果实成熟期，丰硕的果实和叶子交相辉映，呈现出美丽的秋收景观。

(二) 四旁栽植技术

四旁指的是村旁、宅旁、路旁和水旁。在一些没有大面积可造林的农区，可利用沟、渠、路旁及房前屋后的零星隙地种植薄壳山核桃也能取得可观的经济效益。一般四旁土壤肥水条件都较好，并且便于管理，树木生长健壮。充分利用四旁隙地进行造林，既能改善生态环境，提高土地利用率，还能获得收益，改善群众生活条件。薄壳山核桃树冠高大、枝繁叶茂，夏季可庇荫，冬季不影响光照，能耐一定的水湿，土壤适应力较强，是城镇、乡村绿化以及新农村建设的优良四旁绿化树种。

1. 造林地选择

房前屋后的肥水条件好,能满足薄壳山核桃生长需求,种植前需清理土壤中杂物及其他植物的残根。在水旁种植时需注意的是不能积水产生涝害。在污染严重、土壤酸碱度不适宜的地区种植薄壳山核桃难以成功。

2. 品种及苗木

四旁种植的薄壳山核桃既要获得生态效益又要获得经济效益,一般选用良种无性系造林,搭配能相互授粉的品种或者在枝头高接授粉品种雄枝。最好选用地径3cm以上,定干高度2m以上的优质大苗,成活率高且结果较早。

3. 栽植方式

若在房前屋后种植,可孤植、丛植或列植,密度不宜过大,同时可搭配种植花卉、灌木和草坪,形成高低层次呈现四季景观效果。若在水旁、路旁造林则可在水路两侧单行栽植,株距为6~8m(图4-10)。在村旁隙地造林可按照果材两用林密度栽植,同时搭配林下套种粮油作物、药用植物、蔬菜,或林下养殖等。

图4-10 薄壳山核桃路旁造林

六、薄壳山核桃品种配置及人工授粉

(一)薄壳山核桃雌雄异熟现象

植物雌雄异熟性是指一株植株或一朵花中的雌蕊(图4-11)和雄蕊(图4-12)成熟时间不一致或雌雄性功能在时间上的分离。雌雄异熟可有效避免自身的花粉和柱头间的性别干扰。绝大多数被子植物都存在雌雄异熟现象,按两性功能出现的时间顺序分为雌性先熟和雄性先熟。按照株内雌雄成熟的同步性分为同步雌雄异熟和异步雌雄异熟,胡桃科植物属于后者,即在同一株内雌雄异熟,并且不同的雌雄花在同一阶段处于不同的发育阶段。

图4-11 薄壳山核桃雌花

图4-12 薄壳山核桃雄花

在不同的单性花植物中,由于性别决定基因的作用时间不同,其单性花的发育互有区别。胡桃科单性花发育及性别决定基因作用时间目前尚未见报道,根据薄壳山核桃花芽分化特点,其性别决定基因作用可能发生在花器官原基形成之前。Thompson等人调查薄壳山核桃雌先型和雄先型杂交后代的花期表现后,提出雌雄异熟性为质量性状,其遗传特点符合孟德尔遗传规律,雌先型为显性遗传,雄先型为隐性遗传。

山核桃属存在明显的雌雄异熟性,表现为雌先型与雄先型两种类型。有研究表明薄壳山核桃天然林中雄先型和雌先型所占的比例是相等的,雌雄异熟的程度因树龄和气候条件的不同而有所不同,幼树表现雌雄异熟程度更明显。薄壳山核桃中雌雄异熟性普遍存在,各品种中90%实生后代表现为雌雄异熟型,雌雄同熟型仅占实生后代的10%。美国山核桃是典型的异交植物,但如果雌雄蕊不是完全的雌雄异熟性,就可能发生部分自花结实,此类果实常常导致坚果质量降低。

植物激素参与了植物个体的性别决定过程,外源植物生长调节剂可能会影响雌雄花的比率,继而影响雌雄异熟性,但是植物激素参与性别决定过程尚不明确,不同植物作用机制具有较大差异,同样的激素在不同植物物种中可能具有完全相反的效果。

研究发现在雌花芽的生理分化阶段,雌花芽中除内源细胞分裂素外,赤霉素、生长素和脱落酸的相对量均低于营养芽,且细胞分裂素与赤霉素的比值与组织形成雌花密切相关。采用激素处理干扰美国山核桃花期,花芽分化前喷施的任何激素类物质，对第二年开花期早晚均无明显影响。萌芽前喷施，对萌芽期和开花期表现有一定促进或抑制作用。乙烯利对萌芽和开花期均有抑制作用；赤霉素和萘乙酸处理，萌芽期变化不明显，花期提前了 2~3 天。无论是促进或抑制，雌雄花的接受能力都基本相同，即花期或都提前或都推迟，很难促使异熟性的花期相遇，亦不会使异熟次序颠倒。

雌雄异熟现象常因品种不同，植物不同，树龄、地区、年份的不同而变化，其异熟性的程度与外界因素有关，例如温度、水分、空气湿度、土壤湿度以及土壤的类型，低温有利于雌蕊先熟，高温则有利于雄蕊的成熟。

(二)品种配置原则及重要作用

影响薄壳山核桃产量的因素很多，主要有树龄、品种、授粉、树体营养等，但授粉是主要原因之一。由于薄壳山核桃属于典型的异花授粉树种，异花授粉可以明显提高产量。因此，在薄壳山核桃的栽培中，要充分考虑异花授粉的问题，配置好授粉树种，否则产量将大幅降低。目前存在栽培多年未见产量的薄壳山核桃园，大多是上述原因所致。为了提高薄壳山核桃产量，为其配置适当的授粉树种是非常必要的。

大范围的人工授粉会耗费大量的基础资源，并不符合目前我国薄壳山核桃产业化经营种植的实际情况，所以通过对不同品种美国山核桃雌雄异熟性的研究，解决薄壳山核桃产量低的有效方法之一是科学合理地配置授粉品种的树种，通过不同品种间花期差别，有效进行品种间授粉结实。了解不同品种间薄壳山核桃雌雄花异熟性的进程和特征，合理配置授粉树，达到提高授粉率的效果，以此改善薄壳山核桃种植园由于雌雄花异熟性导致的花期不遇、授粉率低下等问题，解决生产中其对坚果产量以及品质造成的影响。

品种配置方案应在确定种植品种适宜于当地气候条件的大前提下，同时考虑品种之间的相互促进作用或协调性，以及早实性、丰产性、产品销售等多方面因素。选择授粉品种除了要考虑与主栽品种的亲和力、自身的丰产性能、品质、熟期、耐储性等之外，花期自然应该是首要考虑的问题之一。主栽品种的雌花接收授粉树的花粉后应能正常受精和结实，两者亲和力较高；授粉树的散粉期和主栽品种雌花的可授期受环境影响一致。花期相遇要求雌花的可授粉期与雄花的散粉期为同一时期，在配置的过程中应选择花粉量大、花期长的品种。薄壳山核桃的花雌雄异熟，在果园中为达到良好的授粉受精效果，一般在同一果园内品种的数量不能少于 3 个，其中 1~2 个主栽品种，并配置 2~3 个适宜的授粉树品种，在一个范围较大的产区内，授粉树品种数量可以更多一些。为了更快更多地获得果品收益，品种的早实性和丰产性是品种配置的首选条件之一。果实成熟期的早迟与花期的早迟不完全一致,配置时将果园的品种设计为早、中、晚 3 类成熟期,错开采收时间,能合理调配劳动力。当一个主栽品种可以与多个品种花期相遇时,为主栽品种选择亲和性最好的授粉树至关重要。通过控制授粉,对主栽品种进行多父本杂交并进行测定,调查不同杂交组合的坐果率、抗逆性、种仁饱满度、种仁色泽、口感等指标,结合营养成分测定进行综合评价,经过连续 3 年以上的综合评定后,为主栽品种选定最佳授粉树。

在确定了配置品种后,还需要进一步确定各品种的种植比例。靠近授粉树的薄壳山核桃单株产量最高,远离授粉树约 15 米的单株产量降低约 30%,未进行授粉树配置的野生单株产量则普遍偏低。薄壳山核桃果园营建时,应把握好结果树与授粉树的比例,既要保证结果树占主体,又能充分利用授粉树的花粉资源,将果园产量最大化。

大果园内主栽品种与授粉品种按照行状栽植,授粉树种在上风口,每 1 行授粉品种为 4 行主栽品种提供花粉,在主栽品种区内可零星种植少量辅助授粉种,以最大限度地保证主栽品种顺利受精,一般行状栽植的薄壳山核桃授粉品种与主栽品种的比例为 1∶4。小果园以授粉树为中心,主栽品种呈"米"字形栽植,同时在主栽品种区内零星栽植少量辅助授粉品种,该点状栽植模式下授粉品种与主栽品种比例为 1∶6。梯田山坡可按梯田行的间隔 3~4 行栽植 1 行授粉树;若授粉品种经济价值较高则可按照等量配置。从国内表现来看,'波尼'的授粉树为'卡多'、'科普菲尔'和'威奇塔','马罕'的授粉树为'科普菲尔'和'威奇塔','金华'的授粉树为'波尼'、'绍兴'和'贝克','绍兴'的授粉树为'卡多'和'科普菲尔'。

在配置授粉树比例时,应结合种植地的地形和风向风力特点。由于薄壳山核桃花期短的特性,相差几天就有可能导致花期不遇,因此引进新品种时,还要考虑同一品种不同地区种植开花物候期的差异性,应先引种试验再慎重推广。

(三)薄壳山核桃开花物候期特征

同种植物不同年份开花物候期也存在一定的差异,开花始期在不同年份差异与当年活动积温有关,而不同年份同种植物花期长短不一主要与花期内湿度、温度、风速和阴雨天气有关。一般温度越高、风速越大,花期持续时间就越短;反之,如花期内恰逢下雨,温度越低、湿度越大,其花期持续时间就越长。个别年份可提前或推后 4~7 天,最长 6~11 天。同种植物在不同海拔高度、不同地区、不同树冠部位开花时间和持续时间也不尽相同。在高海拔处开花物候期比低海拔处晚,并且开花盛期持续时间较短,开花物候期延续时间也较短。

物候期是长期观测生物因季节变化而表现出不同生命活动周期规律的总结。

开花物候期主要是对雌花和雄花的观测，薄壳山核桃雄花开花物候期一般在4月中下旬或5月上旬开始，雌花开花物候期一般在4月下旬至5月中上旬（图4-13）。

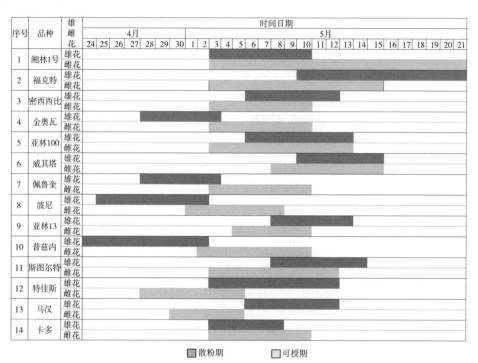

图4-13 湖南地区2020年薄壳山核桃雌花可授期与雄花散粉期对应图

薄壳山核桃雌花依据其形态特点可分为现蕾期、柱头开裂期、柱头成熟期、柱头干枯期，雌花芽顶混合芽的分化从4月中旬进入形态分化临界期后，历经雌花花序分化期、花柄原基和雌花原基分化期、花被原基分化期、苞片原基分化期、花萼原基分化期、雌蕊原基分化期和胚珠分化期，与之对应的形态变化表现为雌花芽鳞片黄绿色变至褐色→雌花芽褐色变成灰绿色→鳞片逐渐张开→鳞片脱落幼叶展开→小花原始体出现和膨大→露出柱头→花柱伸长。不同无性系间始花期持续2~5天，盛花期持续3~15天，末花期持续2~6天。不同品种的花期为25~33天，长短相差8天。同一无性系不同个体间的雌花花期存在差异。雌花始花期、终花期、花期差异愈大，花期愈不整齐，授粉难度愈大；反之，花期愈集中，授粉的难度愈低。

开花物候是植物重要的生活史特征之一。雄花依其形态和散粉特征可以分为散粉前期、散粉初期、散粉盛期和散粉末期。'波尼'雄花芽4月上旬次第进入雄花序分化期、雄花原基分化期、花萼原基分化期、雄蕊原基分化期、花药分化期、花粉囊和花粉粒形成期，与之对应的形态变化表现为雄花芽嫩绿柔软褐变→雄花芽膨大→雄花芽鳞片开裂→雄花序伸长→小花膨大→苞片开裂→花药变黄色。同一无性系雄花始花期一般持续2~5天，散粉盛期一般持续3~8天，散粉末期持续2~5天，雄花的盛花期都较短，为7~10天，不同品种间相差3天，花粉粒成熟后一旦遇晴朗干燥天气雄蕊则会立即进入散粉期。'马罕'雄花芽从3月下旬开始萌动，雄花原基分化发育到4月底花药的形成需要近1个月的时间，从4月下旬花粉粒形成到5月上旬花粉粒成熟经历10天左右。同一无性系不同个体间雄花初花期也存在差异。雄花始花期、终花期、花期差异愈大，说明其散粉愈不集中，花期则相应延长；反之，则散粉愈集中，花期相应缩短。

薄壳山核桃雌雄异熟现象常由于品种的不同有不同的异熟性表现，树龄、地区、年份的不同也会对雌雄花的发育造成影响。一些外界因素，例如温度、水分、土壤肥力和湿度等都与之有关系。在相同的气候环境、土壤环境和相同温度的条件下，各品种雌雄异熟特性没有发生改变，其开花特性相对稳定，但是由于每一年的气候条件的不同，导致同一株薄壳山核桃树在不同的年份，雌雄花开放的时间上有差别。与雌花相比，雄花散粉对气象因子的反应更敏感。薄壳山核桃同一无性系不同树冠层、不同方向雌雄花开花物候期不一致，对雌花而言，东、南、西、北4个方位开花时间存在细微的差异，东、南2个方位的雌花比西、北方位早1天左右；对雄花而言，东、西、南、北4个方位的开花物候期差异不明显，而树冠上、下2层的雄花散粉时间有差异，树冠上层明显比下层早1天左右。

(四)薄壳山核桃授粉生物学特性

薄壳山核桃的芽可分为叶芽、花芽、混合芽和潜伏芽。花芽为雄花芽，形态呈三角状、纺锤状和叠生芽的副芽。混合芽有两种，一种只能发育成雄花序和枝叶，另一种能发育成雌花序、雄花序和枝叶。

雄花序为柔荑花序，薄壳核桃雄蕊发育期可分为雌蕊萌发期、苞片松散始期、雄花序生长期、花药饱满期、花药变黄期和花药变黑期(图4-14)。花粉量大，雄花散粉具有高爆发性和高密度的特点，花粉轻，表面光滑不结团，便于随风飘散。不同品种间单花花粉量差异显著，'波尼'较高，'钟山'较低。薄壳山核桃主要传粉方式为风媒传粉，雌雄花花部结构具有典型的与风媒传粉相适应的性状。6年生树的花粉有效传粉距离为80~100m。不同高度的总花粉浓度水平高低变化为2m>1m>4m>6m，花粉浓度随着高度的升高呈现先增多再减少的趋势，各点间不同高度花粉浓度差异很大。随着树体成长，树高有利于花粉传播至更远距离，但薄壳山核桃树体体量大，枝叶茂密，会影响林间的空气流动，阻碍传粉。薄壳山核桃雄花散粉过程为由花序基部开始逐渐向先端延伸，单簇花序散粉过程在 1~2 天内完成。从雄花序萌动伸长至雄花序脱落需 32~40 天，各无性系无论散粉早晚，其散粉盛期都比较短，一般为 2~3 天。薄壳山核桃自交（同株异花）、异交（异株异花）、品种间杂交和与山核桃种间杂交，对花粉萌发和花粉管生长的速度没有显著影响。'马罕'授粉 4 小时后，花粉粒在柱头表面开始萌发，花粉管通过花粉外壁上的萌发孔向外伸出，沿着柱头表面生长，此时花粉萌发量仅为 3.94%。授粉 12 小时后，可以看到大量的花粉粒已经在柱头表面萌发，而且花粉管沿着乳突细胞间隙向下生长，此时花粉萌发率达到 37.78%。授粉 24 小时后部分花粉粒开始干瘪。授粉 2 天后花粉粒和花粉管均出现明显皱瘪现象。4 天后花粉管伸入胚珠位置。有试验表明，花粉管可能不经过珠孔而是经过合点进入胚囊，核桃花粉管的延伸途径已被证明是由合点进入胚囊的，并证明雌蕊中钙的分布状况是诱导花粉管定向生长的原因之一。自交与杂交前期受精状况类似，花粉管生长速度相近，但自交落果严重，可能与后期胚发育有关。

A–F：'福克特'雄花发育的的萌发期、苞片松散始期、雄花序生长期、花药饱满期、花药变黄期及花药变黑期；
G–L：'波尼'雄花发育的萌发期、苞片松散始期、雄花序生长期、花药饱满期、花药变黄期及花药变黑期

图 4-14　薄壳山核桃雄花发育形态

　　根据雌花柱头外部形态的变化，可将薄壳山核桃大多数品种的柱头发育分为显蕾期、初开期、"V"字期、倒八字期和变黑期 5 个阶段。"V"字期，柱头伸长

并张开呈"V"字状,二裂柱头夹角 15°~90°,可见柱头表面具突触状的腺质细胞,表面湿性分泌物增多,持续 2~3 天。倒八字期,二裂柱头夹角 90°~180°,突触状腺质细胞向外伸展,持续 1~2 天。以'马罕'为代表的品种柱头开裂角度明显,初开期并无可授性,随着"V"字期二裂柱头张开角度的增加,表面有黏性物出现,可授性逐渐增强,该时期持续 2~3 天。倒八字期初期柱头可授性依然保持很强,随后减弱至较弱的可授性。当柱头表面出现黑点时,不具可授性。不同品种柱头开裂角度各异,如'马罕'柱头最大开裂角度约为 120°,'梅尔罗斯'、'莫汉克'等品种则接近 180°,而'波尼'、'金华'等品种柱头的开裂角度<90°。雌花柱头变化过程不经历倒八字期,二裂柱头张开角度较小,初开期即具可授性,一般持续 2 天,柱头可授性随二裂柱头角度的增加而逐渐增强,在"V"字期初期柱头可授性最强,可持续 2 天(图 4-15)。

A-F:'福克特'雌花发育的现蕾期、柱头开裂始期、柱头"V"字形期、柱头倒八字形期、柱头干涸期及柱头变黑期;G:'特贾斯'雌花;H-M:'波尼'雄花发育的现蕾期、柱头圆凸状期、柱头平展期、柱头圆锥状期、柱头干涸期及柱头变黑期

图 4-15 薄壳山核桃雌花发育形态

(五)花粉活力与贮藏

花粉是花粉母细胞减数分裂产生的小孢子,在有性繁殖中发挥着重要作用。由于经济林有大小年、自花授粉不亲和等现象,促使辅助授粉在经济林生产、科研中十分重要。花粉活力大小直接关系杂交育种的成败,也是杂交过程中花粉用量的一个重要因素。不同品种、不同采集时期、不同散粉处理方式、不同贮存条件以及低温保存花粉不同解冻方法均可影响花粉活力。植物花粉活力的测定方法主要有离体萌发法、活体萌发法、无机酸法和染色法。其中,染色法又分为 TTC 法、萨而达柯克法、脯氨酸-靛红快速染色法、KEW 法、CBA、荧光染色法、

碘-碘化钾法、蓝墨水染色法和醋酸洋红染色法等。每种测定方法适用不同的植物花粉，同种花粉采用不同的测定方法其花粉活力测定的结果也不一致。

不同薄壳山核桃无性系之间花粉活力存在显著性差异，薄壳山核桃各无性系花粉活力大小为70%~90%。

在薄壳山核桃整个散粉初期、散粉盛期、散粉末期的过程中，花粉活力变化平均值呈正态分布，符合拟合的正态分布图，散粉中期得到的花粉活力最强。'绍兴'雄花各个时期之间花粉活力差异显著，花粉活力最高值在散粉盛期，达到了96.90%；散粉初期花粉活力次高，为94.71%；散粉末期花粉活力最差，仅有80.64%。'波尼'雄花散粉初期和散粉盛期的花粉活力无显著性差异，是整个花粉散粉期最高的，分别为91.53%和92.43%；即将散粉期和散粉末期的花粉活力两者之间存在显著性差异，分别为84.58%和79.58%。花粉活力随时间的变化表现出散粉盛期>散粉初期>即将散粉期>散粉末期的变化规律。在同一天时间内不同时间段其花粉萌发率也有差异，采集时间最好选在上午。

不同的薄壳山核桃品种适合不同的干燥方式，如'马罕'和'莫愁'适用35℃烘干处理，'威斯登'适用于自然阴干处理，'波尼'和'钟山'适用干燥剂处理。'亚林'系列无性系雄花干燥剂处理后收集的花粉与阴干处理后收集的花粉活力无显著性差异，可达77%；30℃恒温干燥处理后收集的花粉活力次之，约为50%；日照干燥处理后收集的花粉活力最小，仅有30%左右。处理24小时后收集的花粉活力>48小时后收集的花粉活力>72小时后收集的花粉活力，24小时后收集的花粉活力是48小时后收集的花粉活力和72小时后收集的花粉活力的130%和247%。

由于花粉在自然状态下其活力大多数很短，加上不同品种间柱头可授期与花粉散粉期不遇，给生产和科研上辅助授粉造成极大的麻烦，因此可以提前收集花粉，延长其花粉活力，保证在可授期内花粉活力的稳定性。花粉活力的大小是由多方面决定的，影响因素很多，其中包括内因和外因，内因包括本身遗传特性，外因包括外部的环境条件。对于内在因素只能通过改变自身的遗传特性来提高花粉的活力，外因针对花粉所处的环境条件，由于植物花粉活力主要由自身遗传特性控制，因此同一贮藏方法对不同植物花粉的活力影响不一。

贮藏温度越低，其花粉保存的时间越长。在35℃条件下，14天后大部分品种的花粉已经无活力。在室温条件其花粉活力随着贮藏时间的延长下降较快，贮藏30天后其花粉活力仅有8%左右，贮藏90天后其花粉基本丧失活力。在4℃条件下，薄壳山核桃花粉活力能维持60天左右，120天左右花粉完全丧失活力。短期保存可以自然阴干，以4℃保存。在-20℃和-80℃低温贮藏条件下，花粉活力贮藏时间更长，其中超低温-80℃条件下花粉活力耐贮藏性更强。贮藏时，在超低温-80℃贮藏条件下，270天后花粉活力在22%~28%；低温-20℃条件下，花粉活力在13%~22%（图4-16）。超低温贮藏可用于第二年薄壳山核桃人工辅助授粉，在生产上具有应用价值。不同贮藏条件不同无性系花粉活力存在显著的差异，'莫愁'花粉烘干处理存于-70℃，200天时花粉活力仍达68.21%，'马罕'花粉不耐贮藏，200天时萌发率只有13.33%，这可能是无性系自身遗传特性不一致造成的。花粉在干燥或真空条件下贮藏效果更佳。

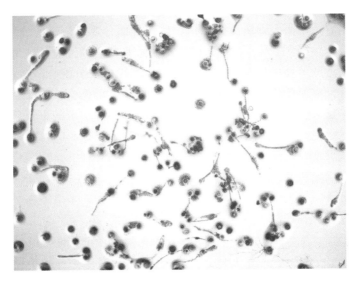

图4-16 薄壳山核桃花粉管萌发图

采集的薄壳山核桃新鲜雄花花序摊开在硫酸纸上，置于温度30℃、湿度RH=50%的人工气候培养箱内培养24小时后进行散粉，花粉通过100目筛网后，放在35℃条件下干燥脱水2~3小时，迅速将花粉放入冻存管内，放入-196℃的液氮中保存。低温保存30天的花粉置于37℃恒温水浴解冻2分钟萌发率可达31%，明显高于自然解冻以及流水解冻条件下的花粉活力。

薄壳山核桃花粉萌发前在RH=97%条件下，4小时复水处理可显著提高萌发率，萌发率可达51.78%，是对照组的20.68倍。蔗糖是花粉萌发和花粉管生长的营养物质，又是参与花粉代谢和跨膜运输的碳源，蔗糖浓度过低花粉壁易破裂，过高又会造成代谢物堆积抑制其萌发，20%糖浓度条件下花粉萌发率最高，可达44.43%。不同植物种类花粉萌发和花粉管生长所需的最适硼、钙浓度是不同的，0.02%~0.03%的H_3BO_3、0.05%的$Ca(NO_3)_2 \cdot 4H_2O$及15%的PEG-4000可促进花粉管萌发和生长。浓度分别为1.0mg/L的2,4-D、60.0mg/L的GA3以及2.0mg/L的IBA促进薄壳山核桃花粉管萌发作用较为明显。

(六)人工授粉技术措施

植物花的生物学特征与其授粉机制相适应。薄壳山核桃是典型的风媒传粉特征,雄花为柔荑花序,雄花芽早期发育较慢,4月中下旬开始发育加快,至4月下旬雄花序长度基本保持不变,节间伸长,雄花序中花药逐渐膨大,花药由绿变黄则即将进入散粉期。雌花短穗状着生于结果枝顶端,雌花被包裹,柱头面积较大向四周翻展,雌花可授期时柱头表面有"波峰状"突起,表面细胞呈乳突状,有黏液附着于雌花柱头表面。薄壳山核桃雌花开始分泌黏液就有受精坐果能力;柱头完全开裂,呈"V"字形,柱头颜色变深,呈奶黄色或红色,柱头上附着大量分泌物,雌花达到最佳可授期;大约一周后,雌花柱头分泌物减少,逐渐干枯,未授粉雌花柱头颜色变呈褐色或紫红色,雌花可授性降低;柱头干枯颜色逐渐变深,此时雌花柱头没有受精能力。传粉是种子植物有性生殖的重要环节。受精过程的顺利进行必须是有活力的花粉到达适宜的柱头上,柱头的可授性是影响受精成败的主要因素之一。柱头可授性的测定方法主要有3种,其中包括联苯胺过氧化氢法、MTT染色法和人工授粉法。不同品种柱头可授性持续的时间是不同的,授粉时间对坐果率的大小存在一定影响,一般杂交授粉的坐果率在早上进行授粉比在下午进行授粉要好。

图4-17 雄蕊晾晒取粉

人工辅助授粉对提高核桃坐果率效果明显,特别对雌先型林带早期授粉或雄后型林带后期授粉,以及零散孤立木整个花期辅助授粉作用更大。人工辅助授粉是解决产量低而不稳的一种有效途径。不同的人工授粉方式与杂交坐果率存在一定的相关性。可用毛笔点授、喷粉器喷粉对薄壳核桃进行杂交授粉,结果表明两种授粉方式都能极大地提高坐果率及产量。

选取树体外围中下部当年生新枝顶端发育良好的雌花进行硫酸纸袋套袋。授粉用花粉都采摘自散粉前一天的雄花序,平摊在硫酸纸上(图4-17),放在无风干燥的室内阴干24小时后抖粉、过筛、收集花粉,用硫酸纸包装好,置于封口塑料袋中,内放硅胶吸湿,封好塑料袋,存放于冰箱内备用。授粉宜在上午9:00至10:00进行,下雨前24小时内不宜授粉。

点授法是在母本雌花开放盛期,用新毛笔蘸少量花粉,轻轻弹在柱头上,不要直接往柱头上涂抹,以免花粉过量或损坏柱头,导致落花。一般开花 2 天内授粉坐果率最高。然后立即套上一个硫酸纸袋(图 4-18),等到柱头开始变黑、萎蔫时摘掉硫酸纸袋。根据花粉粒的发育特性,在人工辅助授粉时要多次授粉,保证花粉粒在柱头表面的萌发时间,以提高坐果率。

图 4-18　薄壳山核桃人工套袋授粉

抖竿法则将花粉装入 3 层纱布袋中,扎紧袋口,再将纱布袋绑在长竹竿上,手持竹竿,在薄壳山核桃林内边走边抖动,使花粉落到雌花上。点授法或抖竿法的人工辅助授粉方法因工作效率低而无法大面积应用,多应用于杂交育种。为了操作更简便,提高效率,在盛花期可采用喷洒花粉液法,取花粉 5g 加水 5kg,混合均匀,用轻微喷雾器轻喷花朵,喷湿润即可,不可喷至滴水,喷雾授粉时间宜在接近中午时。此外还可借助授粉器进行授粉,将花粉装入喷粉器的玻璃瓶中,在树冠中上部喷洒,喷头要在柱头 30cm 以上,此法授粉速度快,但花粉用量大。

采用微型农用无人直升机飞行辅助授粉成效明显,无人机飞行时旋翼所产生的风力可扩大花粉的传播距离,提高授粉的效率和质量。中国林业科学研究院亚热带林业研究和建德市林业局利用无人机喷洒,采用按重量比重的花粉:蔗糖:硼酸:水 = 1:50:0.2:3000 配成花粉液,能够增强花粉的活力,快速地进行大面积花粉授粉,减少授粉时间短的压力,提高坐果率。已有研究表明地处不同纬度、海拔、坡向的山核桃花期是不同的,大面积应用无人机辅助授粉这项技术,对薄壳山核桃花粉在数量、花期方面也将有更高要求,应考虑用几个花期不同的薄壳山核桃主栽品种作为花粉来源。

有研究表明'马罕'ב波尼'的坐果率较高,坐果率达到 63.89%;'威斯登'×'马罕'坐果率较低,仅为 9.38%。同一母本授以不同父本的花粉,坐果率也有所不同,以'马罕''威斯登'和'莫愁'为母本,坐果率最高的父本分别为'波尼'和'钟山',坐果率分别为 63.89%和 46.15%。在套袋不授粉的处理下,'威斯登'和'莫愁'坐果率为 34.25%和 47.14%,'马罕'的坐果率为 0%,说明薄壳山核桃可能存在无融合生殖。同株异花和异株异花授粉,'莫愁'均能够坐果,且不同品种间杂交也具有较好的结实率。果树学上除了同一花朵内、同一树上的花朵之间的雌雄花授粉外,同一品种之间的花朵互相授粉称为自花授粉,不同品种间的花朵互相授粉称为异花授粉。薄壳山核桃既可以自交也可以余交,即兼具杂交亲和和自交亲和的能力,但自交落果现象更严重,所以杂交亲和力较强,自交亲和力较弱。薄壳山核桃繁育系统应属于自交、杂交相混合的兼性交配系统。对同一母本而不同父本与之杂交授粉是存在差异性的,亲和性与坐果率成正比。在种植园品种配置时,应尽量考虑将杂交亲和性高的无性系搭配在一起,可以提高薄壳山核桃的坐果率,从而提高薄壳山核桃的产量。

参考文献

[1] 李川. 薄壳山核桃主要无性系开花物候及花粉特性研究[D]. 重庆:西南大学, 2012.

[2] 孔令通. 薄壳山核桃传粉生物学研究[D]. 南京:南京林业大学, 2014.

[3] 李莹, 李在留. 植物生长调节剂在薄壳山核桃上的应用研究概况[J]. 种子科技, 2020, 38(09):8, 10.

[4] 陈芬, 姚小华, 高焕章, 等. 薄壳山核桃不同无性系开花物候特性观测和比较[J]. 林业科学研究, 2015, 28(2):209-216.

[5] 周米生, 陈素传, 蔡新玲, 等. 薄壳山核桃不同无性系花期特性观测与分析[J]. 安徽林业科技, 2018, 44(6):6-10.

[6] 章理运, 申明海, 周传涛, 等. 豫南引种不同薄壳山核桃无性系花期物候特征[J]. 经济林研究, 2020, 38(4):32-41.

[7] 谢静. 薄壳山核桃开花生物学特性研究[D]. 南京:南京林业大学, 2013.

[8] 杨建华, 习学良, 范志远, 等. 不同美国山核桃品种的发芽及开花习性研究[J]. 西部林业科学, 2008(1):86-90.

[9] 莫正海, 张计育, 翟敏, 等. 薄壳山核桃在南京的开花物候期观察和比较[J]. 植物资源与环境学报, 2013, 22(1):57-62.

[10] 姚小华, 王开良, 任华东, 等. 薄壳山核桃优新品种和无性系开花物候特性研究[J]. 江西农业大学学报(自然科学), 2004(5):675-680.

[11] 郁雨梦, 张敏, 吕运舟, 等. 3个薄壳山核桃品种花粉活力测定研究[J]. 江苏林业科技, 2013, 40(6): 1-5.

[12] 李川, 辜夕容, 姚小华, 等. 3个薄壳山核桃无性系花粉活力与显微结构比较研究[J]. 江西农业大学学报, 2012, 34(2): 324-328, 350.

[13] 黄琼, 李莹, 中山圣子, 等. 薄壳山核桃'Shaoxing'和'Pawnee'花粉活力及储藏特性研究[J]. 热带作物学报, 2021, 42(3): 800-805.

[14] 韩明慧, 彭方仁, 邓秋菊, 等. 薄壳山核桃雌雄花芽分化外部形态与内部结构的关系[J]. 南京林业大学学报(自然科学版), 2017, 41(6): 1-7.

[15] 张瑞, 李洋, 梁有旺, 等. 薄壳山核桃花粉离体萌发和花粉管生长特性研究[J]. 西北植物学报, 2013, 33(9): 1916-1922.

[16] 朱雪晨, 王改萍, 彭方仁, 等. 不同美国山核桃品种花粉萌发与活力研究[J]. 南京林业大学学报(自然科学版), 2015, 39(4): 1-6.

[17] 杨先裕, 黄坚钦, 徐奎源, 等. 薄壳山核桃'马军'雄蕊发育特性及花粉储藏活力[J]. 浙江农林大学学报, 2014, 31(4): 528-533.

[18] 李雪, 徐迎春, 李永荣, 等. 贮藏条件对薄壳山核桃4个品系花粉活力影响[J]. 林业科技开发, 2011, 25(1): 70-73.

[19] 李雪. 薄壳山核桃开花物候期及花粉贮藏特性研究[D]. 南京: 南京农业大学, 2011.

[20] 张瑞, 李晖, 彭方仁, 等. 薄壳山核桃开花特征与可授性研究[J]. 南京林业大学学报(自然科学版), 2014, 38(3): 50-54.

[21] 龙伟, 姚小华, 任华东, 等. 一种薄壳山核桃花粉处理及冷冻保存方法[P]. 浙江: CN107593689A, 2018-01-19.

[22] 常君, 邓伟平, 任华东, 等. 一种简易薄壳山核桃人工辅助授粉方法[P]. 浙江: CN106035075A, 2016-10-26.

[23] 方业全. 一种薄壳山核桃人工辅助授粉方法[P]. 安徽: CN107969337A, 2018-05-01.

[24] 程建斌, 汪继斌, 王年金, 等. 无人机辅助授薄壳山核桃花粉对山核桃的结实效应[J]. 南京林业大学学报(自然科学版), 2019, 43(4): 199-202.

[25] 张计育, 翟敏, 李永荣, 等. 果用薄壳山核桃建园关键技术[J]. 中国南方果树, 2020, 49(4): 172-174.

[26] 安徽省质量技术监督局. DB34/T 3116—2018, 薄壳山核桃营造林技术规程[S]. 2018-04-16.

[27] 陈文霞, 吴文浩, 彭方仁. 江苏丘陵地区薄壳山核桃适宜栽培模式及其产业发展对策[J]. 江苏林业科技, 2016, 43(3): 53-57.

[28] 陈雷,滕华容.薄壳山核桃丰产园营建关键技术[J].果树资源学报,2021,2(5):52-54.

[29] 张计育,李永荣,李燕,等.一种薄壳山核桃果材兼用林的建立方法[P].江苏:CN110140584A,2019-08-20.

[30] 张普娟,刘广勤,袁晓华.一种薄壳山核桃的全膜定植模式[P].江苏:CN106922477A,2017-07-07.

[31] 窦全琴.一种提高薄壳山核桃裸根苗造林成活率的方法[P].江苏:CN103843638A,2014-06-11.

[32] 张计育,李永荣,李燕,等.一种薄壳山核桃果材兼用林的建立方法[P].江苏:CN110140584A,2019-08-20.

[33] 中国林业产业联合会.T/LYCY 1027—2021,薄壳山核桃果林兼用林栽培技术规程,2021-10-15.

[34] 王永友.薄壳山核桃材果兼用林培育技术[J].安徽林业科技,2020,46(3):22-24.

[35] 陈于,朱灿灿,耿国民.一种薄壳山核桃果材兼用的高定干方法[P].江苏:CN108605630A,2018-10-02.

[36] 国家林业局.LY/T 1941—2011,美国山核桃栽培技术规程[S].2011-06-10.

[37] 张日清,吕芳德,何方.美国山核桃及其在我国的适应性研究[J].江苏林业科技,2001(4):45-47.

[38] 张日清,吕芳德,张勖,等.美国山核桃在我国扩大引种的可行性分析[J].经济林研究,2005(4):1-10.

[39] 王名金,刘克辉.树木引种驯化概论[M].南京:江苏科学技术出版社,1990.

[40] Wolstenholme B N. The Ecology of Pecan Trees: Part 2: Climatic Aspects of Growing Pecans [J]. The Pecan Quarterly, 1979, 13 (3): 14-19.

[41] 张日清,吕芳德,何方.美国山核桃引种栽培区划研究Ⅰ原生境与新生境自然条件比较[J].中南林学院学报,2001(2):1-5.

[42] 张日清,吕芳德,何方,等.美国山核桃引种栽培区划研究——Ⅱ前期引种效果[J].中南林学院学报,2002(2):17-20.

[43] 张日清,吕芳德,何方,等.美国山核桃引种栽培区划研究——Ⅲ区划结果与分区描述[J].中南林学院学报,2002(3):14-19.

[44] 任华东,姚小华,常君,等.LY/T 1941—2021 薄壳山核桃[S].2022-01-01.

第五章 薄壳山核桃林分抚育技术

我国引种薄壳山核桃的历史悠久，国内的薄壳山核桃种植园前期由于品种配置不合理、栽植密度过大、抚育管理技术落后，出现造林后苗木生长不良、病虫害多、结果晚的情况，严重制约了产业的发展。多年来随着国内从业者及科研院所对薄壳山核桃生物学特性的研究以及种植技术基础研究的深入，结合一线林农的种植经验总结出很多适用于我国不同地区的种植技术。我国多个省市正在大力发展薄壳山核桃产业，一些种植示范企业和示范园区采用了配套的高效栽培丰产技术，产量提高了 30%～50%，取得了较好的经济效益、社会效益和生态效益。

在薄壳山核桃林分抚育管理中需注意定植管理、树体管理、土肥水管理、低产林改造、保花保果以及果实采收及贮藏等方面的问题。

一、定植后管理

薄壳山核桃种植后，首要的任务是确保树体成活。薄壳山核桃是深根性植物，主根发达、须根少、发根慢，定植后的苗木若不及时浇水则容易因缺水而难以存活。为了提高种植成活率，要注重水分管理。除要求种植时浇透定根水外，到雨季来临之前，每隔两周对所种植的苗木要浇透 1 次水，每次浇水的水量在 10kg 左右，保证根系土壤时刻保持湿润。此外在定植穴或定制带上覆盖园艺地膜，直径或宽度在 1.2m 以上，可起到保墒、防止杂草生长、省工省力等作用。定植后要加强人工管护，防止人畜践踏破坏。幼苗砧木在 4～10 个月萌发出大量芽体，此时应及时抹去，避免与接穗争夺营养。在雨季期间应撤除覆盖定植穴的地膜。种植园在坡地建园的可将种植穴修成鱼鳞状，以拦住地表径流，使其汇入树盘增加灌水量。定植后恢复快的树苗能快速进入生长阶段，5～6 个月每棵树施入 0.5kg 的硝酸铵或碳酸铵，若树体恢复慢则不需要施肥，以免影响存活率。

二、树体管理

(一)整形

薄壳山核桃为高大乔木，长势强，干性明显，有一定的层性，主枝生长旺盛，树体自然生长易形成多主枝扫帚状的长冠树形，其侧枝和小枝疏松，树冠不紧凑，树体高大，因此需要整形修剪。

1. 变侧主干形和主干分层形

美国早期常用的树形为变侧主干形和主干分层形。变侧主干形有一个显著的主干,主干上的每个大主枝均比树干小,主枝与主干的角度为40°~70°,在同一高度的树干部位,主枝不超过2个。主干分层形(图5-1)则是逐步提高第一层枝条的高度,小苗定植后第一年第一层主枝分支点为60~80cm,第三年分支点提高到1.2~1.5m,第六年年底分支点提高到1.8~2.0m。一般在2月中旬左右冬剪短截,对强枝弱剪,剪去1/4;弱枝强剪,剪去1/2;短枝不修剪。此树形主侧枝层次疏散自然,主干可达几十米,树冠较高、树体高大,投产晚、难以管理。

2. 主干疏层形

国内建设薄壳山核桃果用林时常通过短截、疏枝等手段培养主干疏层形的树形。主干疏层形以主干为中心,培育主枝9~16个、3~4层,第一层至第二层各有主枝3~4个,第三至第四层各有主枝2~3个,各主枝保留侧枝1~4个,各层之间距离2~3m,结果枝组分布于主枝的两侧(图5-2)。此树形树冠呈半圆形,直径8m左右,树形层次多而不明显,且着生的枝条亦多,通风透光良好,寿命长、产量高、负载量大且便于采收,适于生长在条件较好的地方和干性强的稀植树。

图5-1 主干分层形

图5-2 主干疏层形

构建主干疏层形的薄壳山核桃应在建园时选择地径1.5cm左右、苗高1m以上的壮苗,定植后第一年定干,高度为60~80cm。薄壳山核桃生长势较强,定干后其上部可抽生二次枝,保留定干高度附近水平夹角120°、竖直间隔6~8cm的

3~4个壮芽，作为主枝进行培养，及时抹去其他萌芽，在6~7个月时选择长势最强的中立枝作为中央主干，7~8个月采用拉枝、拿枝等方法或借用开角器加大其他枝条开张角度至50°~70°，以后随着中央主干枝的延长每1~2年选留1层主枝，各层枝之间间隔120~150cm，每层选留主枝时要注意位置互相错落，不要重叠。秋季修剪时，将中央主干枝短截，剪去当年生枝条长度1/4~1/3，留存高度要大于主枝，对于生长过旺，难于控制并严重影响中央主干枝的竞争枝要及时疏除；次年在3~4个主枝长至一定长度时，在其离地1.2m处短截，若不足1.2m可延至下一年再短截；第3年春季待新梢长至50cm以上时，对新梢进行摘心处理，摘心后的新梢可抽出二次侧枝，大约在6月中下旬每一个枝条可抽生3~4个嫩枝，选前端一个枝条作为延长枝，其余侧枝在次年可形成结果枝，并对中央主干宜于秋季短截1/5；第4年第一层结果枝停止抽生枝条，5月中下旬对没有开花、结果的延长枝进行摘心处理，待中央主干长至1.8m时进行短截，以促进第二层主枝的萌发；第5年修剪没有开花、结果的强旺枝，对第二层主枝新梢进行摘心，促使其在次年形成结果母枝，疏除弱枝及重叠枝；第6年薄壳山核桃逐步转化至生殖生长，继续对强旺枝进行摘心处理，并调整过密枝的方向，秋季修剪时疏除病虫枝、干枯枝及重叠枝。经过6年的修剪整形，薄壳山核桃可基本形成高5~6m的主干疏层形树形。

生产上还有应用生长调节培育出的以主干引导、侧枝定向均匀分布的疏层形树冠，采用嫁接容器大苗定植，在苗干顶处下方选1个饱满芽，在此芽的上方约1.5cm处平截，根据苗高选取1个主干上离地130cm的芽，距芽上方约0.5cm处横切一刀深达木质部，自下而上每隔20~30cm分别选取第2个、第3个、第4个和第5个芽，在芽体上部做目伤处理，所选芽体在苗干上呈螺旋状排列，用于培育3~5个不同方位的骨干枝。用40mg/L 6-苄氨基嘌呤、320mg/L赤霉素及5mg/L油菜素甾醇配置激素溶液，在芽苞片张开时涂抹在定干留芽及目伤的芽体上，8月下旬至9月上旬对萌发的枝条进行拉枝处理，保持与中央主干呈70°~90°夹角。次年早春萌动前对主干再次定干，用激素溶液处理主干剪口下方的留芽。第3年主干高度可达3~4m，在第1年留养的骨干枝向上间距2~3m再选取培育3~4个分层骨干枝。此树形通风透光，利于薄壳山核桃结果短枝和花芽的形成，可达到薄壳山核桃幼龄期早果丰产、初果期及盛果期稳产的目的，具有较高的应用推广价值。

3. 自然开心形

树姿开张的早实品种或者土质、肥水条件较差的薄壳山核桃栽植园可采用自然开心形（图5-3、图5-4）。自然开心形将主干高控制在1.8~2.0m，在树干上分成3个势力均衡、与树干延伸呈30°角斜伸的主枝。一般主枝3~4个，相邻或邻近排列在主干上，没有明显分层，每个主枝有侧枝2~3个，结果枝组均匀分布于主侧枝四周，借助春季拉枝、夏季摘心和扭梢等手段，促使分枝以及短枝量增多，促进产量提高。此树形成快、结果早、整形容易，便于掌握。有的树主干不明显，各主枝长势相差不多，难以修整成主干疏层形，则可培养成自然开心形。

图 5-3　自然开心形

图 5-4　自然圆头形

4. 果材兼用高定干形

果材兼用林可用 5~6 年实生大苗造林，采用 3~3.5m 高定干嫁接，采用主干分层形或纺锤形，10~12 年后进入盛果期，即获得干高 3m 以上、胸径 0.4m 以上，树干通直、无疤节的短原木（图 5-5）。高定干既不影响薄壳山核桃产量，又能利用薄壳山核桃木材，方便机械化，可降低人力成本，便于经营管理，实现薄壳山核桃果材兼用。

图 5-5　果材兼用林选育（南京林业大学薄壳山核桃基地）

（二）修剪

整形修剪是调节养分分配利用、提高产量和品质的重要管理措施。整形通过修剪技术完成，而修剪必须根据整形的要求进行。总的任务是根据树性和环境条件，合理地修整树冠，使幼树迅速构成坚强骨架、枝条密度适宜，便于管理，以及早进入丰产期，保持丰产稳产，延长盛果期及经济寿命,提高果品的产量及品质,取得较高的经济效益。

1. 修剪的作用

运用机械、化学、物理等方法对树体枝条进行剪裁,控制果树枝干生长的方法称为修剪。在薄壳山核桃各发育阶段进行修剪,可调节枝类组成比例,一般短枝生长期比较短、积累早、消耗少,短枝叶片少、光合总量偏低,营养枝生长期长,虽然消耗多,但后期积累多,能合成大量光合产物。通过修剪,可以满足不同品种、树龄的薄壳山核桃对枝类比例的要求,使年生长周期中树体内营养物质的运转、分配和消耗、积累,按正常的生长、生殖节奏协调进行。还可调节枝叶的合理分布,通过修剪调整树冠各部分的枝叶疏密、分布方向和叶面积系数,使树冠的有效光合面积达到最大程度。修剪还可平衡群体内各植株之间和同一植株上各主枝之间的生长势,以及地上部分与根系的协调生长,从而达到产量均衡、便于管理的目的。通过修剪能调节营养生长和生殖生长的关系,保持一定的营养生长势而不过旺徒长,促进适量的花芽形成,使其正常结实而不削弱树势,并且可防止果树提前衰老,及时更新复壮。

2. 修剪的时间

薄壳山核桃应结合树木生长特性进行修剪。如果修剪时间不合适,会造成伤口伤流严重,造成大量养分流失,使树势变弱,还会导致枝条枯竭,甚至直接死亡。薄壳山核桃分为生长期修剪和休眠期修剪,生长期修剪即夏季修剪,一般在6月至7月初,剪除生长过旺而不结果的枝条,主要目的是改善树冠的通风、透光性能,一般采用轻剪,以免因剪除大量的枝叶而对树木造成不良的影响;休眠期修剪即冬季修剪,一般安排在落叶后到次年萌芽前进行,这一时期树木生理活动缓慢,枝叶

图 5-6 幼林修剪

营养大部分回归主干、根部,修剪造成的营养损失较少,伤口愈合迅速不易感染,对树体生长影响较小(图5-6)。修剪应采取夏季修剪和冬季修剪相结合的方法。

此外,结合树体生长状态,还可增加一次春剪或秋剪。初结果树可采取春季修剪,立春后气温回暖,可结合采穗在立春前后修剪,有利于缓和树势,促进成花结果。秋剪一般安排在9~10月薄壳山核桃落果后到落叶前半个月,秋剪能增

强树势，促进混合芽的分化。

3. 修剪的方法及作用

春季常用的修剪方法有刻芽，在3月上旬用刀片或钢锯在芽的上方0.5~1.0cm处目伤或锯伤，深度达木质部即可，刻芽宽度不超过枝条的1/3。在薄壳山核桃萌芽之前对主干或者生长健壮的长枝进行刻芽，能明显提高隐芽萌芽率和成枝率，明显增加枝条数量。此外刻芽还能解决由于不透光等原因造成的膛内枝光杆的现象，避免结果枝外移。在幼树上刻芽能定向培育主枝，在主枝上刻芽能定向培育侧枝，在辅养枝上刻芽能促进形成中短枝。有研究表明，在薄壳山核桃侧枝下方的中央干上剥去宽度为0.3~0.5mm的月牙形树皮，可以促进侧枝生长，提高约30%单株果实产量及10%单粒果质量。

夏季主要通过摘心去掉合成生长素和赤霉素多的茎尖和幼叶，使生长素和赤霉素含量减少，相对增加细胞分裂素含量，进而抑制新梢的生长，缩短枝轴、促进发枝，加快结果枝组培养，有利于提高坐果率，形成特定树形。一般在生长期早期做摘心处理，其促枝效果比较明显。

秋季通过拉枝增加枝条开张角度，改变枝条生长方向，抑制生长过旺的枝条，使竖直枝条平斜生长，缓和生长势，以充分的利用光能，使空间布局更合理。拉枝一般在9月中旬至10月下旬进行，通过拉枝使主枝与中心主干夹角保持在60°~80°之间，大型侧枝与主枝夹角保持在80°左右，辅养枝与中心主干的夹角不低于100°，使枝条下垂。拉枝后配合刻芽，则发枝效果更好。秋季拉过的枝条，次年能萌发大量的长、中、短枝条。

冬季常采用短截，将1年生枝条的一部分截去，促使剪口下部芽体萌发，促发新梢，增加次年长、中、短枝条的数量，用于幼树整形和培养枝组，有利于树冠的扩张。短截时要注意枝条的方位、剪口芽的方向，强旺枝留下芽，中庸枝留两侧芽，下垂枝或弱枝留上芽。幼树要培养中心主干，应适当短截，以培养新的主枝和中心干；对主枝进行中短截可培养1、2级侧枝；对辅养枝进行中、轻短截可培养大、中结果枝组；中庸枝缓放不短截，可培养小型结果枝组。

疏枝是将枝条从基部剪去，3~5年的幼树若出现骨干大枝较密的情况，应适当疏除部分影响中心干、主枝生长的大枝、夹皮枝及卡脖子枝，对内膛徒长枝、密集枝、重叠枝、病虫枝也需适当疏除。

不短截即称为缓放。缓放保留的侧芽多，可使养分分散在多个芽上，有缓和枝条长势、积累营养、促进发育枝成花并提早结果的作用。缓放后发的枝条多为中短枝，强旺枝较少。缓放枝生长量大、加粗快。适度缓放1~2年幼树枝条，主要是为了增加光合作用，积累养分，促进幼树生长。缓放应以中庸枝为主，主枝两侧的斜生枝、辅养枝及水平枝缓放不剪。缓放后结合秋季拉枝、春季刻芽等措施可促进中短枝形成。若骨干枝较弱则不宜对辅养枝缓放。幼树期枝头附近的竞争枝、长枝、背上或背后强旺枝也不宜缓放。当长旺枝数量过多且全部疏除修剪量过大时，也可以少量缓放。缓放枝应采取拿枝软化、压平、环刻、环剥等控制措施，以削弱其生长势，次年缓放枝生长势仍然过旺时则可将缓放枝上生发的旺枝或生长势强的分枝疏除。

若小枝着生的基枝细长瘦弱，则从小枝着生基部剪去枝条的措施称为回缩，回缩有改善光照和集中养分、复壮结果的作用。在强旺分枝处回缩，去除前面的下垂枝、衰弱枝，可抬高多年生枝的角度并缩短其长度，使分枝数量减少，有利于养分集中，能起到更新复壮作用；在细弱分枝处回缩，则有抑制其生长势的作用。多年生枝回缩一般伤口较大，保护不好也可能削弱锯口枝的生长势。

环剥、环割可局部改变环剥口以上的营养水平，可控制旺长、促进成花，是幼树早结果、早丰产的重要技术措施。环剥有抑前促后的作用，即对环剥口上部的生长有抑制作用，而对环剥口下部则有促进作用。果树实施环剥、环割技术，能暂时阻碍光合作用合成的有机物向下部运转，使营养在枝、芽上积累，促进花芽形成，提高花质，减少落花落果；使幼树营养生长周期缩短，提早结果；使旺长不结实的树体增加产量。

此外还可采取撑枝、别枝、扭枝等修剪方式改变枝条方向，调整营养分布，促进枝条萌发、花芽分化。

4. 不同发育阶段薄壳山核桃的修剪任务和重点

薄壳山核桃不同发育阶段的有不同的修剪需求，应采取不同的修剪方法。

为促使幼树早成形、早结果，除骨干枝适度短截外，还应采取轻剪、长放、多留枝的原则。幼树修剪的主要任务是剪除弱枝、交叉枝、重叠枝、平行枝及病枝，生长季对骨干枝条的延长枝进行摘心，以培养各级骨干枝及结果枝组，结合冬季修剪促使树体骨架早日成形。为防止幼树生长过旺，可在生长季节对骨干枝的延长枝进行拉枝，控制二次枝、徒长枝，处理好旺盛营养枝、背下枝，疏除过密枝，促其提早结果，以果压枝。

成年期薄壳山核桃，树形已基本形成，产量逐渐增加。此时的主要修剪任务是继续培养主、侧枝，充分利用辅养枝早期结果，积极培养结果枝组，尽量扩大结果部位。修剪原则是去强留弱、先放后缩、放缩结合，防止结果部位外移。

盛果期的大树，树冠大部分接近郁闭或已郁闭，外围枝量逐渐增多，且大部分成为结果枝，并由于光照不良，部分小枝干枯，主枝后部出现光秃带，结果部位外移，易出现大小年现象。此时修剪的主要任务是调整营养生长和生殖生长的关系，不断改善树冠内的通风透光条件，不断更新结果枝，以达到高产稳产的目的。

衰老树外围枝条下垂,产生大量干焦弱枝,同时萌发大量的徒长枝,出现自然更新现象,产量显著下降。为了延长结果年限,可进行更新复壮。将主枝全部锯掉,使其重新发枝,并形成主枝;在主枝的适当部位进行回缩,使其形成新的侧枝,将一级侧枝在适当的部位进行回缩,使其形成新的二级侧枝。

三、土肥水管理

(一)肥料使用

1. 肥料的分类及特点

肥料分为有机肥和无机肥,两种肥料各有其优缺点。

无机肥料一般又称为化学肥料,主要包括氮肥、磷肥、钾肥等单质肥料和复合肥料。无机肥的营养成分含量高,具有肥效快、便于植物直接吸收利用、增产显著的优点,但无机肥不含有机质,长期施用会使土壤板结,不利于土壤肥力提高,一般需与有机肥料配合使用。

图 5-7 云南农户采用化肥和玉米秸秆配合施肥

有机肥料又称农家肥料,包括人的粪尿、厩肥、堆肥、绿肥、饼肥、沼气肥等。施用有机肥料能改善土壤结构,有效协调土壤中的水肥,提高土壤肥力和土地生产力。若薄壳山核桃种植园选址在立地条件一般、土层瘠薄、有机质含量低的山地丘陵地,则应每年增施大量的有机肥,以提高土壤的肥力和透气性,促进果树高产稳产(图 5-7)。

2. 施肥的时间

一般在春季气温回暖后,薄壳山核桃开始枝芽萌动,其生长速度快、生理代谢旺盛,植株需要较多的养分,随着植株的开花、结果,植物需要的养分更多,因此在春季一定要追施速效性氮、磷肥,以快速满足植株抽枝展叶以及花芽萌发对营养的需求,施肥量应占全年追肥量的 50%。在果实发育至硬核期时,果实外部大小的增长逐渐转缓,种仁逐渐充实,此时应及时施肥以满足种仁发育所需要的大量养分,肥料应以速效性磷肥为主,并辅以少量的氮、钾肥。每次施肥可结合灌溉。秋季施用有机肥能提高土壤孔隙度,使土壤结构更松散,利于果园积雪保墒,为第 2 年的生长发育贮备营养。

3. 施肥的方法

薄壳山核桃的施肥方法有多种，常见有土壤施肥、灌溉施肥和叶面施肥。

土壤施肥一般包括条沟施肥法、圆形施肥法、穴位施肥法等。条沟施肥法是在两排树中间挖一条深度40~60cm、宽度30~50cm的沟，将肥料与土混匀回填到沟中，填至距地表10cm，然后用土覆盖（图5-8）。此法工作量大，但肥效长、肥料利用率高，并且能使根部挖沟区域土壤疏松。圆形施肥法则是在树冠垂直投影外缘，挖出深度40~60cm、宽度30~50cm的圆形沟槽，将肥料与土混匀后回填沟内至距地表10cm，表面用土覆盖。穴位施肥法是在树冠垂直投影外缘挖多个穴位进行施肥，一般在树干四周不同方位共设置8~10个深度40~60cm、直径50cm左右的穴位，将肥料施入穴内，再回填土壤，此法的优点是不伤根。

灌溉施肥法则是将肥料溶于水中，随灌溉进行施肥，一般结合灌溉系统进行。此方法对根系没有伤害，不会因施肥局部不均而导致烧根，不易引起土壤板结，在施肥的同时还可为果树补充水分，自动化程度高，能节省人力物力。

叶面施肥法是将肥料溶解在水中，进行叶面喷施。此法用量少但效果明显，供肥均匀，有效成分渗入快，植物吸收快且利用率高。但叶面施肥只能提供有限的养分，难以满足作物全部需求，尤其是N、P、K大量元素，多数时候还是通过根系吸收，叶面施肥只能在关键时期作为一种补充。叶面施肥常用的肥料有尿素、过磷酸钙、氯化钾、硼酸等，叶面施肥不能选在雨天或大风天等特殊天气进行，否则效果将大打折扣。

图5-8 沟状施肥（有机肥和化肥混合）

4. 薄壳山核桃不同生长阶段的肥料需求

施肥时应根据土壤和叶片的营养分析进行配方施肥和平衡施肥。若园地土壤酸碱性不适宜种植薄壳山核桃，建园时应施用土壤酸碱调理剂，调整土壤pH值至中性。并且由于近年来土壤化肥施用过多，中微量元素缺乏成为普遍现象，在土壤检测的基础上精准施肥尤其重要。

针对幼树的施肥需坚持勤施薄施。1~5年幼树以氮肥为主，适量培养磷、钾肥，遵循"控氮、稳磷、增钾"的施肥原则。幼树施肥要为根系创造良好的生长条件，每年秋末冬初进行一次环状施肥，以扩大树盘、改良土壤结构。薄壳山核桃小苗在定植当年可以不施化肥，秋冬季每株幼树穴施腐熟的有机肥10kg，可恢复根系与改善周边土壤疏松度。第2年后需要根据土壤状态和植株生长情况进行有针对性的施肥，新梢抽至15cm时需勤喷叶面肥，通常在6~9月期间每月喷0.3%尿素液2~3次。秋季落叶后每株以环状沟或条沟法施250~500g复合磷钾肥，10~20kg腐熟的有机肥。定植后第2~4年，每年追肥4次，4~5月春季生长期沿树冠外缘每株环状埋施尿素100~150g及100g磷钾复合肥，在6~7月新梢快速生长期每株需施100~200g尿素及100~200g磷钾复合肥，8月氮素积累期每株施100~200g尿素及100~200g磷钾复合肥。秋季落叶后沿树冠外围每株环状埋施1~1.5kg磷钾复合肥、0.5~1.0kg普钙及20~30kg腐熟的有机肥。在土壤偏碱的地区需注意锌肥的使用，可在萌芽前在树冠外围开沟，每株树施入0.2~0.5kg硫酸锌，施后覆土浇水。

5~6年生树则在秋末冬初以放射状、条状、穴状的方式施基肥。在树冠边缘的不同方位挖5~6个坑，每株施60kg有机肥、0.5~1.0kg磷钾复合肥及1~1.5kg普钙。春夏季追肥，初果期控制氮肥∶磷肥∶钾肥为5∶2∶3。土地瘠薄或土壤紧实的地区可在秋季结合施用有机肥深挖扩穴。随树体长大，挖坑和施肥数量亦逐渐增多。

盛果期每株基肥施用量在100~150kg之间，氮肥∶磷肥∶钾肥比例为2∶1∶2，可根据树体生长情况和产量调整施肥量，一般株产5kg坚果的树每年施1.5kg复合肥、20~30kg腐熟有机肥。盛果期一年施两次肥，5月中下旬以速效肥为主，施肥量占全年的30%~40%；8月下旬至9月下旬以长效肥为主，施肥量占全年的60%~70%。平缓地一般在树冠投影1/3~2/3范围挖环形沟，坡地则在树的上坡1.5~2m挖深度为40cm的半环形沟，郁闭的林地可在树间挖一些横沟，将肥料均匀施入沟内后覆土，不宜在地表撒施。

此外，一些植物生长调节剂也能调节薄壳山核桃营养生长。研究发现用200mg/L的萘乙酸或50mg/L的生根粉浸泡或速蘸缓苗期的薄壳山核桃根部，有较好的壮苗效果。多效唑灌根或叶面喷施150mg/L的果树促控剂PBO能抑制枝条旺长和顶芽生长而不影响坚果品质和产量。叶面喷施25mg/L的胺鲜酯、200mg/L的赤霉素和50mg/L的6-苄氨基嘌呤可促进枝条增长，提高叶片叶绿素和营养元素的含量，并且多效唑能有效促进枝条粗度增粗。

(二)水分管理

薄壳山核桃具有一定的耐旱性，但是缺水会严重影响其生长。开花授粉期间干旱将引起授粉不良，使坐果率降低；果实发育期若遇干旱，没有及时充分的灌溉，将产生大量落果和空瘪果，旱情严重时甚至会导致果树死亡。水分是影响薄壳山核桃成活、生长发育以及丰产稳产的关键因素之一，应做好园地灌溉工作，确保水分供应充足。灌溉的方法很多，如漫灌、喷灌、沟灌、滴灌等，滴灌是最科学合理的灌溉方法。果园建立时，种植者应该在定植的同时安装灌溉系统，确保及时灌溉。不同地区每年的旱期不同，比如云南省11月至翌年5月为旱季，根据种植园土壤的水分状况，每年1~5月需对其植株浇水数次；湖南省每年7~9月常出现连续高温无降水的气候，因此在此期间应加强园地水分管理。种植者必须了解当地气候特征，根据旱情及植物生长状态及时灌溉。

栽植当年根系受伤害大，正值恢复期，抗旱能力差，应根据每月雨水情况酌情灌溉。萌芽期可采用滴灌或沟灌方式进行第一次灌溉，确保土壤水分充足。花芽萌发及开花期间第二次灌水。果实膨大和硬核期第三次灌水。尽量采用沟灌、漫灌或喷灌、滴灌的方式进行灌溉，如遇干旱季节，应每隔7~10天充分灌溉1次。后期根据树冠对于水分需求量的不同，结合降雨量和土壤保水、持水能力，适时测定土壤含水量，酌情灌溉。秋季施加基肥后要进行第四次灌溉，灌透土壤，为新根萌发以及混合花芽发育提供有利条件，积累充足营养。条件充分时，在落叶后到土壤封冻前可再浇灌一次封冻水。6年生以下幼树每株每次灌水30~60kg，7年生以下的大树每株每次灌水70~150kg。

美国山核桃虽然较耐涝，但长期淹水也会严重影响其生长，故雨季需注重排涝防渍，清理好出水沟、排水沟、畦沟，使雨期水不积在畦沟内、暴雨时不淹根。

（三）土壤管理

由于大量施用化肥、农药、除草剂，或选址等原因，一些薄壳山核桃种植园的土壤条件限制了树体的生长发育。土壤改良培肥是薄壳山核桃果用林土壤管理的主要目标。在土壤管理中，应结合合理的耕作制度、肥料类比及养分生态循环系统，提高土壤有机质含量和有效成分的含量、改善土壤结构，促进薄壳山核桃的根系生长和营养吸收。

幼树期间，由于根系不发达，杂草灌丛与林木的水分及养分竞争激烈。在造林后5年内，每年薄壳山核桃生长期都要进行2~3次中耕除草，与施肥结合进行。中耕的时间和次数因天气条件和杂草量酌情增加。一般采用旋耕机进行中耕，深度以6~10cm为宜，早期的中耕除草可在定植穴外进行，将砍下的杂草覆盖在定植穴内外，中耕除草可使土壤保持疏松状态，增加根际土壤含水量，稳定土壤温度，增加土壤养分。随树体生长，林地郁闭度增加，一般情况下间隔2~3年辅育除草一次即可。

美国薄壳山核桃树栽植后，应将其种植园地改为台地，以便于开展浇水、施肥、喷药和开展果林间作,以及果实采收等的工作。暂不能改为台地的应逐年深挖扩大树盘,一年或隔一年安排 1~2 次翻耕。春翻适宜浅翻,采用人工挖、刨等,同时进行树盘扩穴松土,促进薄壳山核桃根系生长。松土扩穴应该遵循"里浅外深"的原则,为了避免伤根,靠近根系处松土深度不超过 10cm,树冠滴水线外松土深度可深达 15~20cm。秋翻适宜深翻,在薄壳山核桃采收至落叶前进行,以机械翻耕全园,此时的断根容易愈合、发新根,结合秋季施基肥,深度为 40~60cm,以树干为中心,在 2~3m 半径的范围内进行,并将青草、土杂肥、绿肥、秸秆等埋入土中,使土壤熟化,以增加土壤中有机质含量。深翻有利于树体吸收、积累养分,可为第 2 年生长和结果奠定良好基础,翻耕时不能伤根过多,特别是粗度 1cm 以上的根。

果园间作可起到控制园地杂草滋生、增加生物固氮、改良土壤肥力、提高土地使用率的作用,并可解决建园初期的经济困难,达到以短养长的目的,是一项一举多得的管理措施(图 5-9)。薄壳山核桃萌芽迟、落叶早,且主根深达 2m 以上,吸收根集中于土壤表层 30~60cm 的范围,十分适合复合种植。果园间作方式多种多样,常见的有果粮、果苗、果菜、果药、果草间作等,可因地制宜(图 5-10)。薄壳山核桃对光敏感,幼树期适合在根际 1m 范围外间种矮秆植物,如豆科植物、中药材、果苗、花生、旱稻、姜、豌豆等。薄壳山核桃初果期,树高已达 4m 以上,可以间种高秆作物,如玉米、高粱等。

图 5-9　林下套种西瓜

图 5-10　林下套种油菜

种植绿肥即可培肥土壤，自然实现免耕管理，还可减少除草剂的使用，维护土壤生态系统，保障食品安全。绿肥的种类可选用光叶紫花苕、饭豆或肥田萝卜等。每年9月下旬至10月上旬播种光叶紫花苕，每亩用量4~5kg，次年4月初翻耕入土，成年林地由于春夏季树冠荫蔽不能种植绿肥，可在冬季种植光叶紫花苕。饭豆于4月播种，每亩用量3~4kg，当年8~9月刈割深埋。通过3~4年的绿肥种植，林地土壤有机质和养分含量能迅速提高到较高水平，使土壤肥力满足幼树生长需求。某些地区还种植油菜等，既可以作为油料作物，也可以作为绿肥使用。

利用农作物秸秆、青草、糠壳或园艺地布等覆盖树盘土壤，除了能抑制杂草和降温保墒外，还能增加土壤中的有机质含量、改良土壤。园艺地布早春趁墒覆盖，特别适合山地使用，其余覆盖物以夏末、秋初效果最好，覆盖厚度15~20cm，并在上面进行斑点压土，腐烂后再重复覆盖。覆盖全园工作量较大，一般仅覆盖树冠即可。建园当年，覆盖苗的四周能提高果树成活率、促进苗木生长。

在页岩丘陵山区建园的薄壳山核桃林地，由于土壤贫瘠、养分含量少、土层浅，植株生长不良现象明显，可通过土壤改良剂解决土壤有机质缺乏的问题。土壤改良剂的配方为22~32份沙壤土、9~12份泥炭土、6~9份猪粪、8~12份生石灰、8~13份石膏、4~6份无水醋酸钠、5~10份草木灰、8~14份三氯乙氰尿酸、13~21份质量比为5:2:2的氮磷钾的有机肥。在薄壳山核桃种植的前一年按每亩25~35kg土壤改良剂拌入土壤，翻整混合均匀，1个月后进行多轮豆科植物和根茎类植物的轮作，每轮都将根茎叶全部就地还田。种植前1个月将地表植物与每亩10~15kg土壤改良剂同时翻整入地，同时加入根瘤菌:芽孢杆菌:固氮蓝藻菌为3:1:1的微生物菌，翻整完后用塑料薄膜覆盖处理15~20天，处理完毕掀开塑料薄膜暴露在空气中3~5天后进行栽种。

四、低产林改造

随着薄壳山核桃在我国栽种面积及栽种区域的迅速扩大，因管理技术落后，一些地区盲目引种、良种率低，造成部分果园投产少、产量低、经济效益差。为了提高薄壳山核桃低产林的产量及品质，应从改良薄壳山核桃品种、配置授粉树、更新复壮、调整树体结构、改善土壤及树体营养状况等方面进行改造。

薄壳山核桃种植园内的品种改良、引进新品种、调整授粉树等的经营工作，经常采用高头嫁接技术。我国早期种植的薄壳山核桃林分，由于缺乏授粉品种配置，导致结果性能较差，全面更换品种或者种植授粉树常常费时费力、成效慢，选择与原主栽品种相配的授粉品种，对原栽品种进行高接换冠是一种简单实用的改造技术(图5-11)。授粉品种的配置比例为整个林分的18%~22%，改造后的

图5-11　枝接换冠

授粉品种均匀分布于林分之中。高接授粉品种常采取插皮接和皮下腹接两种方法改造，以芽膨大、刚展叶时为好，对同一改造对象可采取单一或混合改造方法进行改接。高头嫁接的嫁接部位高，嫁接口离根系远，嫁接后若遇上长时间的高温，接穗和接口容易失水干燥，影响嫁接成活率。因此需选留长度高于嫁接口的枝条作为拉水枝，以保证接口不缺水。接头数多就多留拉水枝，少则少留。嫁接后若遇寒冷天气会产生大量伤流，使接口缺氧，降低嫁接成活率。在树干上斜砍出螺旋状伤口使树液流走，避免接口大量积水，同时嫁接口包扎时在接口下放一根竹棍引出内部积水。遇上连续雨季时还要控制部分根系，减少树液上升。此外拉水枝发芽和展叶也能消耗水分，减轻接口的伤流。

对衰老树应适时进行更新复壮，在大枝的中上部选择方位好的强壮枝或徒长枝加以培养，回缩各级骨干枝，当更新枝强于原头时逐步疏除原头。结果枝组进行回缩，抬高角度使其复壮。在秋季果实采收后到落叶前进行衰老树更新修剪可避免伤流现象。为保证薄壳山核桃树更新复壮效果，修剪改造时必须加强肥水管理。

对于生长过旺、徒长枝过多的低产园，除了冬剪时疏除竞争枝、徒长枝和重叠枝、干枯枝外，还应采取拉枝开角、侧枝基部环割、摘心和秋季带帽截等措施，促发分枝、缓和树体生长。对粗壮的主枝开角，在基部背下锯伤后拉枝，隔年在相对距离15~20cm处再行锯伤。

对低产薄壳山核桃林分进行全园耕翻，平整土地，去除杂草灌木，改善薄壳山核桃园的立地条件，增强土壤保水、保肥能力。每年分别在早春和秋末施肥1次，根据树冠大小每株树冠下沟施40~50kg农家肥、0.5~1.0kg复合肥。

五、保花保果措施

开花的碳氮比理论认为植物体内氮化合物与同化糖类是决定花芽分化的关键，当碳占优势时花芽分化受促进，氮占优势时营养生长受促进，但高含量的碳水化合物不是成花的唯一决定因素。氮是合成氨基酸、蛋白质、核酸等物质基础。磷在植物代谢中既是核酸的重要组成部分又是光合磷酸化和氧化磷酸化的重要参与者,有利于植物碳素同化、花芽分化和根的生长。可溶性蛋白质、可溶性淀粉和碳水化合物在植物的花芽分化中起着重要作用。研究发现当结果母枝的营养水平高于非结果母枝,尤其是碳素营养显著居多时,有利于雌花的分化,树体的贮藏营养与雌花形成有直接的关系。

当薄壳山核桃幼树生长强旺,特别是在多雨季节的南方种植园,往往枝叶徒长,营养生长与生殖生长矛盾加剧,造成落花落果严重,另外还由于授粉品种配置不合理,使之花期不遇、授粉受精不良,亦会严重导致落花落果。因此,采取一系列措施补给营养、调整营养分布对于保花保果具有重要作用。

美国薄壳山核桃在 5 月下旬至 6 月上旬,由于其花器官发育不良、未授粉、实现双受精、卵细胞或反足细胞发育异常、花粉管未伸入子房即停止发育、营养不良或受水分胁迫等原因可出现第一次落花落果。7 月下旬后会因受精不育、负载量过大、营养不良、病虫害严重、光照不足等引起二次落果,此次落果较第一次严重。8~9 月,若天气炎热,水分供应不足时,便会出现第三次落果,严重时将造成大量减产或产生空瘪粒。

(一)保花措施

薄壳山核桃的花芽分化期各不相同,一般是从每年的 7 月上旬延续到 9 月上旬。南方地区雨水较多、持续时间较长,导致幼树和青年树长势很旺,难以形成花芽。长放、摘心等办法虽缓和了树势,但仍然难以形成花芽。为了控制过旺的营养生长转向生殖生长,达到开花结实的目的。在多雨季节天晴不灌水,开深沟及时排除积水,通过控水削弱树势;每株树盘下沿树冠滴水线开深 15cm 的环形沟,用 15% 的多效唑或 PBO 生长素 5g 调水 25kg 左右,均匀浇于沟中,覆盖沟面,以促进薄壳山核桃花芽形成;或结合病虫防治,每亩用多效唑或 PBO 生长素 160g 掺水喷施树冠,每隔 15 天 1 次。沟施比喷施持久性更好,经处理的树体,其营养枝枝头逐渐变粗,叶片变为深绿色,花芽分化良好。

50mg/L 的生根粉或 200mg/L 萘乙酸溶液处理嫁接苗能增加开花数并且使开花时间提前。张翔等人用 1000mg/L 的多效唑对薄壳山核桃进行根灌,增大了结果枝碳氮比,有利于花芽分化。Wood 等人发现,薄壳山核桃胚灌浆期前在树冠外围喷施一定浓度的赤霉素和萘乙酸能抑制成花,而喷施一定浓度的生长素极性运输抑制剂(TiBA)、6-苄氨基嘌呤、三碘苯甲酸-苄氨基嘌呤或调环酸钙溶液均能促进成花。

(二)保果措施

薄壳山核桃落果的原因一是授粉品种配置不合理,造成雌雄花期不遇,或者雄花散粉期与雌花可授期连续阴雨,导致授粉受精不良;二是肥水过多,造成枝叶徒长。可采取如下措施。

停止施肥,喷施植物生长调节剂。幼果期是影响当年产量最重要的时期,当连续降雨时,停止施肥并结合防病治虫,土施或喷施生长调节剂多效唑或PBO生长素。

在雌花开放并接受雄花散粉后10天左右,对不同角度的枝干进行环割或环状剥皮。选择带有花蕾且胸径2~6cm的枝干进行环割,环割能部分短时阻止碳水化合物向下运输,伤口小,不必包扎。用环剥器对结果枝从水平方向向上抬头的与树中心垂直线夹角小的枝组枝干进行环剥处理,挑出环状树皮,立刻用胶带包扎贴紧。结果枝向下低头的枝组不必环割或环剥。行环割环剥的树,果实定位后,要加强肥水和各种病虫防治,才能获得丰产。特别在环剥后,要注意结合防病虫,喷1~2次叶面肥。此法对生长旺盛、落果严重的生理失调树林能有效地提高其坐果率,当被处理树林转入正常结果后,则应停止使用,以免引起林子早衰。

花期结合病虫害防治加喷0.1%~0.3%的硼肥和0.2%的尿素,可促进授粉受精,促进坐果。花期中耕除草,5月份结合除草但不能施氮肥,在树冠投影下,断去土表层10cm以内30%的侧根,暂时阻止肥水向树体上部输送,抑制营养生长,可部分控制落花落果。在距离树干0.8~1.0m的根群内开宽0.30m、深0.25m的环形沟,沟底铺青草后施肥,在花多的大年效果显著,小年反会因促进生长而增加落果。单株小区或单株区组、大枝小区、叶正反面喷布药液至滴液,花期喷硼砂(B)+尿素(N)、硼砂+磷酸二氢钾(P、K)等药剂,坐果率可增加44%。

在花期与幼果期,用化学药剂和外源激素进行叶面喷布与涂干处理。涂干前先刮去树干粗皮,纵割数刀,深达木质部,涂上药剂,用浸过药剂的药棉理盖,外包聚乙烯薄膜。Cu^{2+}是植物必需的微量元素之一,是植物体多种氧化酶成分,能刺激花粉管伸长,花期喷施或用高于喷施10倍浓度的涂干,能显著提高坐果率,涂干方法简便,成本低,尤适于交通不便、水源缺乏的山区推广;花期喷布0.01%硫酸铜,坐果率显著提高,以0.1%硫酸铜涂干,石灰土上喷涂效果好于酸性土,分别提高坐果率25.60%和37.58%;幼果期用0.05~4.0ppm三十烷醇喷布叶、果,保果率平均增加52.25%,三十烷醇是一种新型的植物生长调节剂,有延缓叶片早衰、降低果柄离层组织纤维素酶活性,调节光合作用,提高坐果率等功能;花期用75ppm萘乙酸及40ppm吲哚乙酸涂干,坐果率分别提高34.8%、54.7%,但若花果期使用乙哚丁酸、$MnCl_2$和$Ca_3(PO_4)_2$,幼果期喷布萘乙酸、吲哚乙酸等均起反作用;稀土氧化物具有增强树体营养,协调植物生理功能,增强光合作用和植物抗性,增加产量的功效;Zn 能促进生长素合成,是吲哚乙酸生物合成必需的元素,能抑制脱落酸生成,防止离层产生,起保花保果的作用。在花期分别以 0.1% 稀土氧化物和 0.3%、0.5% 的 $ZnSO_4$ 涂干,可分别提高座果率 46.3%、26.9% 和 26.3%。还有研究表明天然乙烯抑制剂(AVG)对薄壳山核桃有保果效果,授粉期后喷施 132mg/L 的 AVG 可提升结果枝保果能力,产量能提升 16%~38%。

采用喷授法进行人工辅助授粉。以 0.2% 蔗糖的浓度调制花粉水,水呈明显黄色即可,用小型手持式喷雾器,调整好喷嘴喷射角度,准确向雌花点射。此方法省花粉,但劳动强度较大。挂花粉和抖花粉平均坐果率分别提高 49.9% 和 43.6%。

六、病虫害防治技术

近年来我国薄壳山核桃产业发展迅速,随着种植面积逐步扩大,病虫害的发生也同时加剧,不仅造成产量下降,而且还影响果实品质,严重时可造成绝收。由于一些地区单纯追求面积扩张,没有遵循适地适树的基本原则,在某些立地条件不适宜的地方盲目发展人工纯林,造成林分生态群落结构的单一。有些地区薄壳山核桃林生态系统的稳定性遭受破坏,林间天敌数量锐减、部分地区水土流失十分严重、土壤有机质含量降低,是导致薄壳山核桃溃疡病、干枯病、枝枯病流行的主要原因。全球性气候变化的影响也导致薄壳山核桃林分整体自控能力呈下降趋势,林分弱质化,抗性降低,寄主主导型病害十分普遍,咖啡木蠹蛾、天牛类等一些次期性害虫上升演变成主要害虫,红蜘蛛、桑白盾蚧等病虫在局部地区猖獗,并有扩散蔓延的趋势。

(一)薄壳山核桃病害及防治

开展薄壳山核桃病害的种类调查,以及对不同品种的危害状况进行分类统计是薄壳山核桃病害防治的重要工作之一,可为病害的发生发展趋势及时预报提供参考。在薄壳山核桃栽培过程中,要定时监测、及时防治,并积极研究有效的无公害生物防治措施,尽量降低病害造成的经济损失。此外,培养良种壮苗,加强田间管理,进行综合防治,增强树势,最大限度地保持薄壳山核桃林地的生态平衡,是未来大面积造林中有效防控病害的主要措施。在选育薄壳山核桃品种上,不但要注重其产量及质量等性状,更要注重其抗病特性,选育抗性品种也是薄壳山核桃抗病领域的重要研究内容。在病害防治过程中积极采用物理防治和生物防治技术,实行综合防治,改进施药技术。

国内外对薄壳山核桃病害的研究还处于初级阶段,已发现的病害多数研究还

薄壳山核桃

不够深入,甚至部分病原尚未确定,防治措施还不完善,许多新的病害种类还有待调查。薄壳山核桃疮痂病、黑斑病、白粉病危害最重。近年来国内薄壳山核桃干腐病发病趋势明显上升,危害树干,严重时常导致整株死亡,对大面积薄壳山核桃林造成重大危害。灰斑病、疮痂病、叶焦病、轮斑病、煤污病、干枯病、膏药病、冠瘿病、丛枝病在国内尚未发现大面积危害现象,但是疮痂病、叶焦病、冠瘿病、丛枝病、根结线虫和剑线虫病在美国的发生及危害情况比较严重,是需要重点关注的进口检疫性病害。

1. 真菌病害

(1) 枝枯病

病菌主要侵害枝条,主要危害 1~2 年生枝条、衰弱的老树、粗放管理或结果过量造成树势衰弱的枝条。病源最初侵入顶梢嫩枝,然后向下蔓延至枝条和主干,造成大量枝条枯死,影响树体发育和果实产量。染病的枝条皮层最初呈暗灰褐色,后变成浅红褐色或深灰色,大枝发病部位下陷,并在病部形成很多黑色小粒点的病原菌分生孢子盘。染病枝条上的叶片逐渐变黄后脱落,表皮失绿变成灰褐色,逐渐干燥开裂,病斑围绕枝条一周后枝干枯死。湿度大时,从分生孢子盘上涌出大量短柱状或长圆形黑色分生孢子团。枝枯病病原菌为弱寄生菌,以分生孢子盘或菌丝体在枝条、树干的病部越冬,翌年春季条件适宜时产生的分生孢子借风雨、昆虫经伤口或嫩梢初次侵染,发病后又产生孢子进行再侵染。一般 5~6 月发病,7~8 月为发病盛期。空气湿度大和雨多年份发病较重,受冻和抽条严重的幼树易感病。冬季低温或干旱年份发病较重,可以发展到 5~6 年生枝上或大枝上。发病的主干一般应于早春刮除病斑,或在长季节发现病斑时刮除,刮后用 3~5 波美度石硫合剂或 5% 菌毒清水剂 30 倍液涂抹消毒;在 6~8 月选用 70% 甲基托布津可湿性粉剂 800~1000 倍液或 400~500 倍代森锰锌可湿性粉剂喷雾防治,每隔 10 天喷洒 1 次,连续 3~4 次可有明显防治效果;冬季或早春树干涂白,涂白剂配制方法为生石灰 12.5kg、食盐 1.5kg、植物油 0.25kg、硫黄粉 0.5kg、水 50L;加强核桃园栽培管理,搞好夏季修剪,疏除密闭枝、病虫枝、徒长枝,改善通风透光条件,增施肥水,以增强树势、提高抗病能力;彻底清除病株、枯死枝并集中烧毁。剪枝应在展叶后、落叶前进行,休眠期间不宜剪锯枝条,否则会引起伤流而死。

(2) 溃疡病

又名干腐病。主要危害主干 2m 以下部位,发生严重时可扩大到 2m 以上主干或大枝。初期枝干受害部位产生圆形水渍状黑褐色病斑,病斑大小不一,并逐渐扩大成椭圆形,伴有黑褐色液体流出,后期病斑中央失水下陷,有时纵裂,出现褐色或黑色子实体。受害植株生长不良,结果量降低,品质下降。严重危害树干时，由于病斑过大或病斑密集联合，影响养分输送，导致整株死亡。溃疡病属水渍型溃疡病，病原为半知菌亚门腔孢纲球壳孢科小穴壳菌（*Dothiorella gregaria*），分生孢子座生于寄主表皮下，成熟时突破表皮面外露，分生孢子梗短、不分枝，卵圆形至广卵圆形，单胞，无色。该病主要在当年感病，病菌在树皮内以菌丝体形态越冬，于4月初形成分生孢子，5~6月大量形成，借风雨传播，发病期一般在早春或夏秋。病害主要发生于苗木及新定植的幼树，树势衰弱时，该病易发生。防治时用刀刮净病斑至木质部，将刮下的病皮全部烧毁。用70%甲基托布津可湿性粉剂100g加0.5%施特灵水剂75mL兑水20kg涂刷、喷雾，隔7天用40%禾枯灵100g加0.5%施特灵75mL兑水20kg再涂刷、喷雾1次，并增施速效氮肥；可用"壮三秋"10g加0.2%尿素叶面喷肥以提高山核桃树的抗病性；9月初对要出圃的苗木喷洒腐殖酸铜、苯醚甲环唑、氟硅唑、福美胂等。在冬夏季树干涂白，防止日灼和冻害。加强栽培管理，合理修剪枝条，防止雨季积水，适时施肥保证树体营养，维持较强的生长势。

（3）腐烂病

腐烂病主要危害树干的皮层，不同树龄感病部位及病症不同。大树感病后，大量菌丝体聚集于病斑四周并隐藏于皮层中，有黑色黏液溢出。后期树皮纵裂，黑水沿裂缝流出，干后发亮。小树感病后有近菱形的暗灰色水渍状病斑，用手指按压，有带泡沫、具酒糟气味的液体渗出，在病斑上有许多散生黑点。该病的病原为胡桃壳囊孢菌（*Crytospora juglandis*），该病菌以菌丝体或分生孢子器等在病部越冬，翌年春季分生孢子借风、雨、昆虫传播。应及时检查和刮治病斑做消毒保护，病屑集中烧毁。刮后病疤用40%福美砷可湿性粉剂50~100倍液，或50%甲基托布津可湿性粉剂50倍液，或1%硫酸铜液进行涂抹消毒。4—5月在病斑处打孔或刻划伤口，然后喷施50%甲基托布津或代森胺50~100倍液，每10天喷1次，进行3次，防效可达90%以上。冬季刮净病斑，对树干进行涂白处理，可预防冻害、虫害。加强栽培管理，提高树的抗寒、抗冻、抗病虫能力是根本。

（4）白粉病

白粉病主要发生在春秋季，症状是叶片正、反面形成薄片状白粉层，秋季在白粉层中生成褐色至黑色小颗粒。危害叶片、幼芽和新梢，干旱期发病率高。发病初期叶片上呈黄白色斑块，严重时叶片扭曲皱缩，提早脱落，影响树体正常生长。幼苗期受害时，植株矮小，顶端枯死，甚至全株死亡。薄壳山核桃白粉病的病原菌有核桃叉丝壳菌（*Microspharea juglandis*）和核桃球针壳菌（*Phyllactinia juglandis*）。病菌以闭囊壳在落叶上越冬，第2年春季放出孢子，随气流传播，从气孔进行初次侵染。发病后产生分生孢子，经风雨传播进行再侵染，病害继续蔓延扩展，秋季形成闭囊壳。温暖干旱、氮肥多、钾肥少、枝条生长不充实时易发病,幼树比大树易受害。发病初期及生长期使用0.2~0.3波美度的石硫合剂喷施,或甲基托布津800~1000倍液、2%农抗120水剂200倍液喷雾,15天喷1次;50%退菌特可湿性粉剂1000倍液,或用25%粉锈灵500~800倍液连喷2次,10天喷1次。控制该病应合理施肥、灌水,清除病叶、病枝并烧掉,加强管理,增强树势和抗病力,冬季进行病残体集中烧毁,可减少初次侵染病源。

(5) 褐斑病

褐斑病是为害叶片、嫩梢和果实的常见病,引起早期落叶、枯梢,影响树势和产量。叶片受害产生圆形或不规则形病斑,直径0.3~0.7cm,病斑常常融合在一起,形成大片焦枯死亡区,周围常带黄色或金黄色。后期病斑上产生褐色小点,有时呈同心轮纹状排列,即病菌的分生孢子盘。严重时病斑连接成片,造成早期落叶。嫩梢和果上病斑呈黑褐色,长椭圆形或不规则形,稍凹陷,边缘淡褐色,病斑中间常有纵向裂纹。发病后期病部表面散生黑色小粒点,即病原菌的分生孢子盘和分生孢子。果实上的病斑较叶片小,凹陷,扩展后果实变成黑色而腐烂。薄壳山核桃褐斑病的病原为胡桃盘二孢菌(*Marssonina juglandisn*),分生孢子梗无色,密集于盘内,分生孢子镰刀形、无色、双胞,上部细胞顶端有的弯成钩。该病菌在落叶或感病枝条的病残组织内越冬,翌年春天分生孢子借风雨进行传播。5月是病原菌的初侵染期,6月是病原菌的快速累积期,也是病害防治的关键时期,7~9月是高发期,通常从植株下部叶片开始,逐渐向上蔓延。在雨水多的年份往往发病严重,苗木和大树相比,苗木受害更重,有时可造成大量的枯梢。发病前,用奥力克靓果安800倍液稀释喷洒,间隔15天用药1次,也可用500倍液喷施,7天用药1次;在发病初期,喷洒1%波尔多液或70%甲基托布津可湿性粉剂800倍药液,10~15天喷1次,最好用不同药剂交替防治,连喷3次,可控制病害蔓延。病情严重时用奥力克靓果安500倍液喷洒,7~10天喷施1次或用速净300倍液喷施,3天用药1次。春季剪除主干基部的丛生枝和离地面50cm以内的枝条,可减少初侵染源;晚秋及时清除病落叶并烧毁,重视改良土壤,增施肥料,改善通风透光条件,增强树势,提高抗病力。

(6) 干腐病

干腐病是影响薄壳山核桃树木生长发育和造成果实减产的重要病害。发病初期病斑为黄褐色,近圆形或不规则形,随着病害的扩展,病斑逐渐增大,有黑色液体流出,后期病斑不规则开裂,多为梭状或长椭圆形,并从开裂处流出汁液,随病情的发展,病菌继续侵入木质部,使木质部变黑。干腐病病原一旦定殖后,会在病部周围出现潜伏侵染的现象,甚至会深达木质部2~3cm。薄壳山核桃干腐病的病原菌为葡萄座腔菌(*Botryosphaeria dothidea*)

干腐病菌孢子释放的高峰为5月，孢子从伤口或自然孔口侵入后表现明显的潜伏侵染，冬季以菌丝体在树体内越冬，翌年春季花期前后病菌开始活跃，突破树皮形成子实体释放孢子产生新的侵染。每年8~9月，干腐病病原菌入侵木质部时期，可选80%乙蒜素乳油、80%的402抗菌剂和95%硫酸铜晶体3种杀菌剂与水配的1∶100~1∶500倍溶液，在刮除病斑或在病斑上深划线后再进行喷雾防治，15天后可见明显的防治效果。

(7)炭疽病

炭疽病是核桃的主要病害之一，危害果实、嫩芽和枝叶，一般果实受害率20%~40%，重的在80%以上，该病不仅引起核桃幼果脱落，还会使核桃的果壳呈现很多黑色小点，使果仁干瘪，不仅降低了产量，且大幅降低了商品价值，该病是核桃果实成熟后期大量变黑的主要原因。炭疽病一般以老树发病严重，果实染病时产生黑褐色圆形或不规则凹陷病斑，发病轻时，核壳或核仁的外皮部分变黑，会降低出油率和核仁产量，严重时使全果腐烂，腐烂达内果皮，使果实变黑腐烂或早落、核仁无食用价值(图5-12)；叶片感病，病斑呈不规则状，产生带有黄晕的黄褐色至褐色斑点，叶脉两侧病斑呈枯黄长条状，在叶缘四周发生枯黄病斑，严重时整个叶片枯黄，潮

图5-12 染病黑果

湿时生黑色小点，大叶脉能一定程度上阻隔病斑，小叶脉一般不会影响病斑形成和形状，病斑总体呈现不规则的圆形，大的病斑中间有颜色深浅不等的轮纹，病情严重的叶片边缘焦糊如烤烟叶状并卷曲，重病叶全变黄，进而导致叶片脱落；苗木和幼树、芽、嫩枝感病后，常从顶端向下枯萎，叶片呈烧焦状脱落，潮湿时在病斑上产生粉红色的分生孢子堆；枝条受害会表现长条病斑，上部枝条枯死。炭疽病由真菌的胶孢炭疽菌所致，具有潜伏期长、发病时间短、爆发性强的特点，分生孢子盘着生于外果皮2、3层细胞之下，成熟后突破表皮外露，呈圆形，分生孢子梗短、串生、单胞、无色，呈长椭圆形；病菌以菌丝体的形态在病枝、芽上越冬，成为来年初侵染源，病菌分生孢子借风、雨、昆虫传播，从伤口、自然孔口侵入，潜育期4~9天，并能多次再侵染，一般在6~8月发病。发病的早晚和轻重，与高温高湿有密切关系，雨水早而多，湿度大，发病就早且重；植株行距小、通风透光不良，发病重。发病严重程度与品种也有很大关系，早实品种易发病，晚实品种较抗病。

5~6月雨季来临时，选择50%多菌灵1000倍液、50%甲基托布津800倍液或每隔10~15天喷1次1∶1∶200(硫酸铜∶石灰∶水)的波尔多液，可预防病害发生；7月果实发病期及时摘除病果，并喷洒2~3次80%戊唑醇4000倍液，或10%苯醚甲环唑3000倍液，或80%代森锰锌800倍液，或50%炭疽福美可湿性粉剂600倍液，或75%百菌清600倍液，或70%甲基硫菌灵1000倍液兑水喷雾，每隔15天1次；发病重的果园，可喷2%宁南霉素500倍液，并与10%苯醚甲环唑3000倍液交替使用；在生长季节根据天气及病情，喷洒1∶1∶200倍波尔多液，或50%退菌特可湿性粉剂600~700倍液，每半月喷1次。及时清除病僵果和病枝叶，集中烧毁，减少发病来源；加强管理，合理施肥，注重增施有机肥、菌肥；加强夏季修剪工作，改善园内通风透光条件，提高植株自身的抗病力，利于控制病害发生。

(8)灰斑病

主要危害叶片，造成早期落叶，引起具明显边缘的叶斑，但病斑不易扩大，发病严重时，每个叶片上可产生许多病斑，病斑暗褐色，圆形或近圆形，直径3~8mm，初呈淡绿色，后变为褐色，干燥后中央灰白色、边缘黑褐色，后期病斑上生出黑色小点，为病原菌的分生孢子器。该病病原属于真菌中半知菌亚门腔孢纲球壳孢目叶点霉属核桃叶点霉。分生孢子器散生，初期埋生，后突破表皮外露，褐色，扁球形膜质，直径80~96μm。分生孢子无色，卵圆形或短圆柱，单胞，5~7μm×2~3μm。病菌以分子孢子器在病叶上越冬。翌年生长期，分生孢子随雨水传播，进行初次侵染和再次侵染，故雨水多的年份发病较多。8~9月间盛发，一般危害较轻。发病前喷洒80%代森锌可湿性粉剂500~800倍液，或25%多菌灵可湿性粉剂400倍液，或70%甲基托布津可湿粉1000倍液。生长期可用1%波尔多液或65%代森锌可湿性粉剂500倍液进行防治，或用25%多菌灵可湿性粉剂400倍液防治。发病初期喷洒50%可灭丹(苯菌灵)可湿性粉剂800倍液或50%甲基硫菌灵·硫磺悬浮剂900倍液。加强管理，防止枝叶过密，注意降低湿度，可减少侵染。洁除落叶集中烧毁以减少发病源。

(9)疮痂病

疮痂病为害叶片和果实，易在潮湿的气候下发生，是美国东南部几个州的主要病害。受害叶片开始呈现油浸状斑点，后变蜡黄色，叶片上的病斑会沿着叶脉一直延长到叶轴，并向一面隆起呈圆锥形的瘤粒突起，如病斑聚集，叶会扭曲畸形，果也会变成畸形果，落叶落果严重。该病只能侵染展叶期的叶片，成熟叶片不感病，感染的叶子和柄部为该病的再侵染源。薄壳山核桃疮痂病的病原为 *Fusicladium effusum*。该菌在果壳、叶轴、叶柄以及小枝溃疡病上越冬，孢子通过气流传播。其发生与温度和湿度有关系。受侵染前喷0.3%~0.5%倍量式波尔多液，或30%氧氯化铜500~600倍液，或75%百菌清可湿性粉剂500倍液，或

50%退菌特可湿性粉剂500倍液预防保护。已浸染的可喷50%托布津可湿性粉剂600~800倍液等进行防治。在春季和初夏，雨水多和气温不高，早上雾浓露水重时发病严重，要喷药剂保护嫩叶幼果，防治溃疡病和炭疽病的药剂均可选用。培育抗病品种是控制该病的重要策略，加强管理、多施钾肥，使抽出的新梢整齐而迅速成熟，搞好冬季清园和修剪，可提高树体抗病能力。

(10) 叶斑病

病原是一种弱的寄生菌，其树体的病害症状是在叶片的正面出现黄色斑点，夏季前后(7月)在叶背面能发现黑色丘疹状物，为该菌的子实体，之后形成胞子，由水传播，叶片正面出现黄色斑点，有时连在一起在叶片上形成大斑，导致叶片早落。此种病害不会对种植园构成威胁，但在苗圃地对幼苗有一定伤害。防治方法为春季在其树的抽梢期喷洒叶枯1000倍液或1:0.5:100的波尔多液1~2次，或在开花后1周用杀菌剂进行喷洒，间隔2~3周再喷洒1次。冬季结合清园，扫除枯枝落叶，减少病源。

(11) 煤污病

叶片上出现黑色煤烟状小粒点，并逐渐扩大增厚，严重时整个叶片被黑色粉层覆盖；同时，叶片背面可发现蚜虫等刺吸类害虫危害的痕迹，严重影响植株生长。蚜虫等刺吸类害虫的排泄物和分泌物是煤污病发生的主要诱因。病菌以菌丝体、分生孢子、子囊孢子在病部及病落叶上越冬，翌年孢子由风雨、昆虫等传播。蚜虫、介壳虫等昆虫的分泌物及排泄物遗留在植物上。影响光合作用，高温多湿、通风不良、蚜虫和介壳虫等分泌露害虫发生多，均加重发病。喷药防治蚜虫、介壳虫等是减少发病的主要措施。植物休眠期喷洒3~5波美度的石硫合剂，消灭越冬病源。适期喷用40%氧化乐果1000倍液或80%敌敌畏1500倍液。防治介壳虫还可用10~20倍松脂合剂、石油乳剂等。在喷洒杀虫剂时加入紫药水10000倍液防效较好。对于寄生菌引起的煤污病，可喷用代森铵500~800倍，灭菌丹400倍液。在日常管理过程中，及时疏除过密枝条，确保通风透光。植株种植不要过密，要通风透光良好，以降低湿度，切忌环境湿闷。

(12) 根腐病

根腐病病菌从细毛根开始侵入，逐渐扩展到侧根和主根，成年的病株叶通常呈现黄绿色，同时放叶推迟、叶变小、黄化、落叶早，果实瘦小。发病初期仅少数支根和须根感病，并逐渐向主根扩展，主根感病后，早期植株不表现症状，后随着根部腐烂程度的加剧，吸收水分和养分的功能逐渐减弱，地上部分因养分供不应求，在中午前后光照强、蒸发量大时，植株上部叶片出现萎蔫，夜间又能恢复。但病情严重时，夜间也不能再恢复，甚至根与J苗分离后树体死亡。该病的主要病原有尖孢镰刀菌(*Fusarium oxysporum*)和瓜果腐霉菌(*Pythium aphanidermatum*)。

薄壳山核桃根腐病主要在1年生以下的幼苗中发生，且多发生在4~6月，幼苗死亡率高达50%以上，特别是自出土至1个月以内的苗木受害最重。病害的发展与前期感染、雨天操作、圃地粗糙、肥料未腐熟、播种不及时有关。可用病菌克1500倍液喷雾或浇灌病株，或80%的402乳油1500倍液灌根。播种前种子用种子重量0.3%的退菌特或种子重量0.1%的粉锈宁拌种，或用80%的402抗菌剂乳油2000倍液浸种5小时。苗床土壤消毒，每平方米用50%多菌灵1.5g撒于地表翻入土中。采用500~800倍多菌灵稀释液或1000~1500倍噁霉灵稀释液进行灌根处理，灌根量以杀菌剂渗透到达根毛处为准，1周后根部土壤增施腐熟有机肥和氮磷钾复合肥，2周后在根部土壤增施微生物菌肥可有效控制根腐病。及时防治地下害虫和线虫的危害，及时排水，防止圃地积水，病区边缘开沟隔离，沟内撒石灰。

(13) 膏药病

受害枝干上产生圆形或不规则形的病菌子实体，恰如贴着膏药一般。白色膏药病菌的子实体表面较平滑，白色或灰白色。褐色膏药病菌的子实体较白色膏药病略厚，表面呈丝绒状，通常呈栗褐色，周围有狭窄的略翘起的灰白色边带。两种子实体老熟时多发生龟裂，容易剥离。膏药病由多种担子菌引起，国内主要是白色膏药病和褐色膏药病，病原为担子菌亚门真菌，包括白隔担耳菌 (*Septobasidium albidum*) 和卷担菌 (*Helicobasidium* sp.)。病菌以菌丝体在患病枝干上越冬，翌年春末夏初温湿度适宜时，产生担孢子借气流或蚧壳虫活动而传播，在寄主枝干表面萌发为菌丝，发展为菌膜。病菌既可从寄主表皮摄取养料，也可以介壳虫排泄的"蜜露"为养料来繁殖。病菌以介壳虫、蚜虫等分泌的"蜜露"为养料，担孢子借气流和昆虫传播为害。在我国华南地区4~12月均可发生，其中以5~6月和9~10月高温多雨季节发病严重。种植园中介壳虫和蚜虫多，荫蔽潮湿，管理粗放，树龄大的，往往发病严重。用竹片或小刀刮除菌膜，再用2~3波美度的石硫合剂，或5%的石灰乳或1∶1∶15的波尔多浆，或70%托布津+75%百菌清(1∶1)50~100倍液，或试用50%施保功可湿粉50~100倍液涂抹病部，也可用0.5~1∶0.5~1∶100的波尔多液加0.6%食盐或4%的石灰加0.8%的食盐过滤液喷洒枝干。用新鲜牛尿涂刷病部也有较好效果。及时防治蚧类和蚜虫类害虫，结合修剪清园，收集病虫枝叶烧毁，以改善园圃通透性。

2. 细菌病害

(1) 黑斑病

又名黑腐病。薄壳山核桃黑斑病比较普遍，主要危害核桃果实、叶片、嫩梢和芽等细嫩部位，以叶片和果实为主。幼果受害后，果面上出现黑褐色小斑点，无明显边缘，以后下陷并逐渐扩大成近圆形或不规则漆黑色病斑，外围有水渍状晕圈，果实由外向内腐烂。叶片上病斑多为黑色，形状有圆形、不规则形，在叶脉及叶脉分叉处出现黑色小斑点，逐渐扩大成近圆形或多角形黑褐色病斑，病斑3~5mm，外缘有半透明状晕圈，病斑在叶背面呈油渍状发亮，严重时病斑连片，整个叶片变黑脱落。嫩梢上病斑呈梭形、褐色，稍凹陷，若病斑包围枝条一周则上部枯死；果实上病斑一般后期凹陷变黑，甚至果仁变黑腐烂。严重时可引起早期落叶、落果及枝梢枯死，影响生长和果实产量、品质。该病的病原为核桃黄单胞菌（*Xanthomonas juglandis*），病菌一般在枝梢或芽内越冬，翌年春季泌出细菌液借风雨传播，病菌在6月初开始从伤口、气孔、皮孔侵入果实或叶片。夏季多雨或天气潮湿有利于病菌侵染，雨后病害迅速入侵扩大，多雨年份发病早而重，害虫危害多的种植园发病较重。根据台风和降雨天数针对性地进行细菌性黑斑病的防治。发芽前喷3~5波美度石硫合剂，每隔20天左右1次，连续喷药2~3次，消灭越冬病菌。6月初发病初期，喷施25%咪鲜胺EC200倍液，或25g/L咯菌腈SC100倍液，或75%百菌清可湿性粉剂600~800倍液，或50%苯菌灵可湿性粉剂500~800倍液，每隔7~10天喷1次，连喷2~3次。7月中旬叶面喷施20%噻唑锌SC800倍液进行第二次防治。8月视台风和雷阵雨天气进行1~2次叶面喷施46%氢氧化铜WG1500倍液或6%春雷霉素WP300倍液。选择抗黑斑病的品种栽植。加强栽培管理，增施有机肥增强树势，促进树体健壮生长，提高树体抗病性。彻底清园，清除病叶、病果，采收后脱下的果皮集中烧毁或深埋，剪除病、枯枝，减少越冬菌源。

（2）冠瘿病

薄壳山核桃冠瘿病主要危害根部和树干部分，使得局部组织出现增生，呈瘿瘤状。该病主要侵染幼树，感染寄主生长使之逐渐减弱，但很少突然死亡。冠瘿病的病原为根癌农杆菌（*Agrobacterium tumefaciens*），该菌在双子叶植物中具有广泛的寄主。根癌农杆菌在病瘤中、土壤中或土壤中的寄主残体内越冬，主要通过伤口侵入。在树根表面以及树干部分的伤口是这种细菌最常见的侵入途径，嫁接、移植、修剪、培养以及其他管理活动所产生的伤口，由冻害、强风、土壤昆虫和线虫取食造成的伤口都是该菌侵入的途径。冠瘿病的侵染源主要来自苗圃中被感染的植物材料，因此在造林中选择无病种苗是控制该病的关键。此外，通过苗圃地的轮作，特别是和单子叶植物的轮作也能达到有效抑制目的。防治时避免与携带有该病的繁殖材料进行嫁接，发现带病植株要及时清理，并采取相应的措施预防该病再次发生。

（3）丛枝病

薄壳山核桃丛枝病属于植原体病害。严重影响植株产量和果实质量。染病植株枝条上的腋芽或不定芽大量萌发，侧枝丛生。病株的叶片比健康植株的叶片更大、更柔软，该症状与植株由于缺磷所导致的叶片变小、质地变硬不同。感病植株的萌芽时间通常较健康植株提前1~2周，在秋季也会提前落叶。受害枝条当年就会枯死，下一年会长出新的感病新芽和枝条。该病的病原为植原体(*Phytoplasma*)。侵染源多是当地的染病植株，并通过叶蝉等昆虫在感病和健康植株间的取食进行传播。由于该病是典型的植物系统性病害，目前还没有有效的化学药剂用于该病的防治，因此清除侵染源成为控制该病的重要措施。

3. 其他病害

叶焦病

感染叶缘焦枯病后，自叶片边缘开始干枯，逐步向叶心主脉处蔓延，复叶顶部的单叶最先表现症状，干枯前未发生萎蔫症状。田间植株零星分散发病或田间连片发病。3年以下的幼树未发生或少有该病害，5年以上的初挂果核桃树发病最为普遍，15年以上的大树发病相对较轻。目前还未发现致病病原物及传播扩散迹象，初步认定该病害为生理性病害。该病发病时间多为6月初，发病高峰期为7月底至8月初。冻害、缺素症、树势衰弱、土壤盐碱胶粘、果园通风透光不畅、干热风、春灌水偏晚、叶片中Na^+、Cl^-富集等诸多原因均可造成叶焦病。适当补充锌肥、钾肥、铁肥等，防止缺素。减少化学肥料的使用，尽量使用农家肥，全面平衡补充各营养元素，提高树体抗逆性。提高树体安全越冬能力，合理施肥，防止树势过旺或树势衰弱而降低越冬抗性。依据土壤墒情灌好秋灌水和冬灌水，加强对初挂果树的树干涂白。采取大树干和大树杈处的包扎、喷涂防冻剂等防冻措施。在进行其他病害防治的同时，可一并对该病进行防治，喷施代森锰锌和甲基托布津等广谱性杀菌剂，按照病害防治方法防治。喷施按照25%苯醚甲环唑2份，戊唑醇4份，液体黄腐植酸150份，水杨酸10份，磷酸二氢钾5份，硫酸锌8份，水700份配置的叶面肥进行。

(二) 薄壳山核桃主要虫害及防治

危害美国薄壳山核桃的害虫在美国发现至少有180种，这些害虫在薄壳山核桃的树干、叶片、嫩枝、树皮和果实上取食。如危害其果实的害虫有美洲山核桃蜂斑螟(*Acrobasis nuxuorella*)、山核桃象(*Cruculio caryae*)、蝽象(*Aspongopus chinensis*)、山核桃小卷蛾(*Laspeyresia caryana*)。危害叶片的有山核桃长斑蚜(*Tinocallis caryaefoliae*)、山核桃始叶螨(*Eotetranychus hicoriae*)。危害干枝有核桃木蠹蛾(*Cossula magnifica*)、旋枝天牛(*Oncideres cingulata*)。我国美国薄壳山核桃病虫害种类有100多种，危害严重的种类有木蠹蛾(*Cossus* sp.)、天牛(*Batocera* sp.)、吉丁虫(*Agrilu* sp.)、桃蛀螟(*Dichocrocis punctiferalis* Guenee)、卷叶蛾(*Mellissopus* sp.)、金龟子(*Scarabaeoidea*)、绿刺蛾(*Parasa consocia*)、叶蝉(*Tettigoniella* sp.)等。

目前已知危害薄壳山核桃的害虫不论是在科级水平上还是种级水平上，都是鳞翅目和鞘翅目最严重，半翅目次之。警根瘤蚜、星天牛和山胡桃透翅蛾是国内苗期、幼树期和大树期危害薄壳山核桃的重要害虫，种植薄壳山核桃时就要尽可能远离同类寄主较多的区域或尽可能提前清理低价值的害虫寄主。害虫防治工作应以生物防治为主，最大限度地保护薄壳山核桃林地的生态平衡，并不断提高薄壳山核桃对虫害的自控能力。在有条件的地方，应开展薄壳山核桃主要虫害天敌种类资源的调查，以期更好地加以保护和利用。同时加强研究物理防治方法和无公害的化学防治方法，以期获得安全的薄壳山核桃产品。

1. 危害根部的害虫

（1）蛴螬

蛴螬鞘翅目金龟甲总科幼虫的统称，为重要的地下性害虫，取食薄壳山核桃苗木的根部。危害薄壳山核桃的金龟子主要是铜绿丽金龟，随着温度的升高，各虫态发育历期逐渐缩短。因此蛴螬发生最重的季节时在春季和秋季。在4~6月金龟子成虫活动盛期，如果防治不及时，其成虫孵化的下一代幼虫会在当年为害薄壳山核桃的根部组织。用50%辛硫磷乳油100g拌种50kg，或拌1kg炉渣后，将制成的5%毒沙随种撒入播种沟内毒杀其幼虫。

（2）根结线虫病

根结线虫病主要为害薄壳山核桃的根系，受害植株根系上会出现球形或圆锥形大小不等的白色根瘤。根结主要出现在直径较短的侧根上，被害株地上部分生长矮小、缓慢、叶色变淡，结果少，产量低，甚至造成植株提早死亡。该病的病原为 *Meloiidogyne partityla*。该线虫以雌成虫、幼虫和卵在根瘤中或土壤中越冬。2龄幼虫由根表皮侵入根内，同时分泌刺激物致根部细胞膨大形成根瘤。薄壳山核桃根结线虫病的田间传播主要依赖于水流或农具等传播，而幼虫也可随苗木调运进行远距离传播。该病可以通过采用清除感病植株，并对土壤进行消毒处理，降低虫口密度。加强检疫，严禁带虫苗木出圃、调运；深翻土壤、作物轮作等方法有效防治该病。通过加强苗圃、林地水分管理等措施。同时避免在沙质土壤进行栽植。

（3）剑线虫病

主要发生在沙质土壤中，受害植株的根系被危害会出现肿胀、弯曲、发育不良的根系。该病病原为剑线虫（*Xiphinema* sp.）。由于该线虫具有广泛的寄主，因此其防治主要是避免在沙质冲积土壤中栽植，通过加强苗圃、林地水分管理等措施抑制该病害。

2. 危害树叶的害虫

（1）刺蛾

危害薄壳山核桃的刺蛾种类主要有黄刺蛾（*Cnidocampa flauescens Walker*）、扁刺蛾(*Thosea sinenosis Walker*)、褐边绿刺蛾(*Parasa consocia Walker*)3种,俗称青叮子、洋辣子,不同地区不同种群危害程度有差异。幼虫将薄壳山核桃树的叶片吃成很多孔洞,缺刻或仅留叶柄及主脉,危害严重时影响树势和果产量。6~7月,当第1代幼虫盛发时,喷洒1000倍液的敌百虫效果很好。冬季要消灭越冬茧,双齿绿刺蛾、黄刺蛾的越冬茧在树皮及枝条上,可搜杀。褐刺蛾的茧在树干附近土内,可挖掘出来捣杀。用石硫合剂刷涂树干,以防刺蛾幼虫从其树干上通行而转移危害。在树冠上喷施氧化乐果乳液杀虫,消灭其茧壳。结合冬季修剪,人工摘除袋囊,集中销毁。刺蛾类生防主要依靠寄生性天敌核型多角体病毒(NPV)、白僵菌(*Beauveria bassiana*)、刺蛾紫姬蜂(*Chlorocryptus purpuratus*)、赤眼蜂(*Trichogramma sp.*)、上海青蜂(*Praestochrysis shanghaiensis*)、刺蛾广肩小蜂(*Eurytoma monemae*)、小室姬蜂(*Scenocharops sp.*)、健壮刺蛾寄蝇(*Chaetexorista eutachinoides*)和捕食性天敌黑盾猎蝽(*Ectrychotes andreae*)、黄纹盗猎蝽(*Pirates atromaculatus*)、黄足直头猎蝽(*Sirthenea flavipes*)、多氏田猎蝽(*Agriosphodrus dohrni*)、齿缘刺猎蝽(*Sclomina erinacea*)、多变嗯猎蝽(*Endochus cingalensis*)、褐菱猎蝽(*Isyndus obscurus*)、锥盾菱猎蝽(*I. reticulatus*)、环斑猛猎蝽(*Sphedanoletes impressicollis*)、麻步甲(*Carabus brandti*)。

(2)金龟子

危害薄壳山核桃树叶的金龟子种类较多,主要是铜绿金龟子(*Anomala corpuienta*)。成虫通常在夜间活动,取食薄壳山核桃的叶片形成网状孔洞和缺刻,幼虫危害苗木根部。利用金龟子假死性,进行人工防治。于傍晚敲树振虫,树下用塑料布接虫集中消灭。利用成虫的趋光性,用黑光灯诱杀。在6~7月的危害盛期,傍晚用0.4%敌百虫喷洒叶面。虫害严重时用药物防治,在树冠上喷洒40%氧化乐果乳油1000~1500倍液。夜间灯光诱杀。加强土壤和树体管理,增强树势,提高树体抗性。

(3)叶甲

幼虫和成虫均以叶片为食,群集危害叶片,将叶片啃食成网状或缺刻,导致受害叶片变黑或枯死,严重时整株树叶被啃光,导致树势衰弱。该虫1年发生两代,第1代成虫约在4月中旬开始活动,5月中下旬在薄壳山核桃叶片的背面产卵,6月中旬第2代成虫羽化。在5月中旬叶甲幼虫活动盛期,可人工捕杀摘除有大量虫卵或幼虫的叶片。用竹签在床面插洞后将80%敌敌畏或50%辛硫磷1000倍液灌入土中防治地下虫害,也可用低毒的溴氰菊酯进行化学防治。在薄壳山核桃建园后安装黑光灯,每2.0~3.3hm²安装一个,可以有效防治食叶害虫,保证树体生长。

(4)警根瘤蚜

根瘤蚜科的警根瘤蚜是危害薄壳山核桃最严重害虫之一,受害株率可达

100%，严重时大多数叶片均有瘿瘤。警根瘤蚜属叶瘿型瘤蚜，成虫有6个型，即干母、无翅雌蚜、短翅雌蚜（性母）、长翅雌蚜（迁飞雌蚜）、雌蚜和雄蚜。警根瘤蚜属同寄主全周期生活的蚜虫。越冬卵于4月中上旬开始孵化，中下旬进入孵化盛期，5月中旬孵化结束。若蚜孵出后上午08:00~09:00开始沿树干向上爬行，以10:00~14:00活动最盛。警根瘤蚜主要危害新梢，其分泌物致使新梢、叶片及叶柄上产生豆粒大小的虫瘿，以幼虫、若虫、成虫集中在瘿瘤内刺吸叶片与芽的汁液，最终导致受害植株生长缓慢。瘤蚜的危害可引起叶片枯黄、早落、叶芽不能正常抽梢放叶，严重影响树木的生长、开花和果实产量，苗期危害更甚。警根瘤蚜的自然界生物控制主要依靠天敌黄蜻（*Pantala flavescens*）、龟纹瓢虫（*Propylea japonica*）、圆斑弯叶毛瓢虫（*Nephus ryuguus*）和六星瓢虫（*Oenopia formosana*）。长翅雌蚜迁飞时黄蜻可在空中捕食，虫瘿裂开后龟纹瓢虫常钻入瘿内捕食未出瘿的害虫。干母沿树干向上爬行或取食的1龄无翅雌蚜等沿树干向下爬行时，常有长斑弯叶毛瓢虫成虫、幼虫和六星瓢虫成虫捕食，以上天敌中以长斑弯叶毛瓢虫的作用最大。此外在3月下旬喷洒用2.5%溴氰菊酯乳油、废柴油、废机油、面粉按1:40:60:100调制成油膏，在薄壳核桃树干高1.5m处涂成3~5cm宽的环带可阻杀向上爬行的干母幼蚜。植株较少时可用农用废塑料薄膜或旧报纸裁成5~8cm宽的条带，在树干上环绕3~4圈后用绳子在中上部捆牢，可有效阻止干母幼蚜上树。苗木和未结果树因受害较重，应于4月上旬、6月上旬和8月上旬喷洒2.5%溴氰菊酯乳油3000倍液或80%敌敌畏乳油1000倍液毒杀刚孵出上树和已栖居于芽片上的干母以及2、3代的取食1龄雌蚜。冬季用3~5波美度的石硫合剂喷布主干或涂白也有一定的防治效果。

（5）麻皮蝽

薄壳山核桃林中麻皮蝽偶有发现（图5-13），危害较轻，主要以刺吸式口器危害嫩梢、叶片。一般情况下，刺吸嫩枝梢、叶片时造成的危害不太明显。2头以上成虫或若虫连续刺吸1个星期可造成幼嫩枝梢轻度危害，出现萎蔫状。成虫越冬期记性人工捕捉，或清除枯枝落叶和杂草，集中烧毁，摘除卵块销毁。若虫发生初期，及时在若虫未分散前喷施6%吡虫啉乳油3000~4000倍，或50%辛硫磷如油脂800倍液。

（6）茶翅蝽

茶翅蝽寄主范围很广。茶翅蝽全体暗棕色，长14~17mm，触角褐色，基部黄色，腹部边缘有深浅色条纹交替。6~8月，雌虫产卵20~30粒。卵浅绿色，排成圆筒形群集在叶的背面。初孵若虫有黄黑和黄红斑，老熟若虫有带状暗色斑。以成虫、若虫刺吸嫩叶和果实，危害从轻度到重度不等。茶翅蝽发生期长短不整齐，药剂防治比较困难，在春季越冬成虫出蛰期及冬前成虫越冬时，人工捕

图 5-13 麻皮蝽虫卵及若虫

捉成虫可收到良好的效果。在产卵期间，收集卵块和初孵若虫。果实套袋也可有效地防治其危害。寄生蜂(平腹小蜂、黑卵蜂)对茶翅蝽卵的自然寄生率较高，可达 80% 以上。5 月下旬是蝽卵高峰期，也是蜂的盛发期。将收集的卵块放在容器中，待寄生蜂羽化后，将蜂放回以提高自然寄生率。茶翅蝽危害最重为 6 月中旬至 8 月上旬，可喷洒 50% 辛硫磷 1500~2000 倍液或 40.7% 乐斯本 2000~3000 倍液。在出蛰前期喷药时，应将周围的防护林一同喷药，防治效果更好。

(7) 绿腿腹露蝗

危害薄壳山核桃的直翅目害虫为斑腿蝗科的绿腿腹露蝗，危害较轻。成虫直接取食山核桃叶，严重危害时树叶被吃光，产量下降。绿腿腹露蝗 1 年发生 1 代，7 月中旬由树上飞到地表交配产卵，卵多成块成堆地产在山脚路边杂草较少、土壤疏松的地方，以卵在表土中越冬。只要有一卵孵化，很快出现孵化高峰。幼虫共 4 龄，2 龄起上树危害薄壳山核桃叶片，由树顶部逐渐向下部扩散。2 龄若虫用 20% 速灭杀丁乳油剂、40% 氧化乐果乳油剂 1500~2000 倍液喷雾，效果良好。用鲜人尿 25kg 加 90% 的晶体敌百虫 200~250g 混合，取适量的稻草放入浸湿，取出堆放林地，每隔 10m 一堆，每亩 6~7 堆，诱杀成虫效果佳。

(8) 木橑尺蠖

俗称弯弓虫、造桥虫。是薄壳山核桃林中最主要的食叶性害虫，主要是幼虫食叶危害。被害严重的树叶形似火烧，仅留叶柄、叶脉。一年发生 2 代，第一代在 6 月上旬至 7 月上旬，第二代在 8 月中旬至 9 月下旬，7~8 月是该虫危害最重时期，常易爆发成灾。蛹期可采用人工翻土杀蛹的方法，林中挂杀虫灯可诱杀成虫起到防治作用，每个杀虫灯可控制面积 20~30 亩。虫口密度较大的种植园，在 7 月上旬前树冠内用 1.2% 苦参烟碱、30% 氯虫苯甲酰胺水分散粒剂 5000 倍液、4.5%高效氯氰菊酯微乳剂1000倍液或5%高氯·甲维盐微乳剂1000倍液喷雾防治，同时可兼治山核桃天社蛾、眼斑钩蛾等食叶害虫，控制效果良好。也可加叶面肥、保果剂等同时使用，促进树木生长。

(9) 蓑蛾

大蓑蛾的幼虫除食害叶片外，还危害树皮，幼虫吐丝缀叶成囊，躲藏其中，头伸出囊外取食。造成树木生长不良，甚至枯死。该虫年生1代，少数生有2代。以老熟幼虫在虫囊内越冬。5月上旬化蛹，5月中下旬羽化，成虫有趋光性，昼伏夜出，雌成虫经交配后在囊内产卵，6月中、下旬幼虫孵化，随风吐丝扩散，取食叶肉。该虫喜高温、干旱的环境，所以在高温干旱的年份，该虫为害猖獗，幼虫耐饥性较强。尽量选择在低龄幼虫期防治，此时虫口密度小、危害小，且虫的抗药性相对较弱。防治时用45%丙溴辛硫磷1000倍液，或国光乙刻1500倍液+乐克2000倍混合液，40%啶虫毒1500~2000倍液喷杀幼虫，可连用1~2次，间隔7~10天。可轮换用药，以延缓抗性的产生。7月上中旬用90%敌百虫1500倍液毒杀，效果显著。冬季整枝修剪时，摘除虫囊，消灭越冬幼虫。利用成虫有趋光性，可用黑光灯诱杀。保护和利用天敌伞裙追寄蝇等。

(10) 红蜘蛛

叶螨科的红蜘蛛。该螨刺吸核桃叶片后，最初叶片呈现失绿小斑点，随后褪变为黄白色，严重时变锈褐色，扩大连片，最后全叶变为焦黄色而脱落。红蜘蛛主要以成虫、卵、幼虫、若虫等各种虫态在杂草上越冬，一般一年发生10~20代，6~8月为该虫的发生高峰期，在干旱、高温年份容易大发生，应及时清除田间杂草和作物的残枝败叶，减少虫源。害虫初发时期喷洒15%哒螨灵乳油3000倍液或5%四螨嗪乳油2000倍液等可防治红蜘蛛，每隔7~10天喷一次。红蜘蛛天敌种类很多，如瓢虫、捕食螨、捕食性蓟马、草蛉、隐翅虫、花蝽、寄生菌等，应加以保护利用。

(11) 膜翅目类

叶蜂科的叶蜂成虫危害薄壳山核桃嫩枝干，幼虫取食薄壳山核桃叶片。蚁科的黑蚂蚁危害薄壳山核桃的根、枝干、叶、果等。防治叶蜂与防治食叶害虫相似。黑蚂蚁的防治方法是在农家肥中拌氟虫腈撒在树干四周，每年2~3次。

3. 危害干枝的害虫

(1) 木蠹蛾

其幼虫危害美国薄壳山核桃树的干枝及果柄，在其树干和枝条的木质部和树皮间危害，排出褐色的虫粪和木屑，并有褐色液体流出，是造成薄壳山核桃毁灭性损害的虫害之一。树干遭危害后，树势衰弱，导致果实产量下降，甚至整株枯死。树枝受该虫危害后，叶变黄，遇大风而折枝。还有一种木蠹蛾专食果柄,在果实基部排出黑色粪便,其所结果实不饱满或质量不好。发现枝上的叶子变黄,立即摘枝烧死幼虫。冬季结合清园,用刀刮去主干中下部的老树皮进行涂白对防治越冬幼虫有一定效果。经常检查树干和枝条有无虫粪排出,若发现有排粪口,可用棉球蘸氧化乐果等农药塞入虫孔,再用泥土封住虫孔口以毒杀木蠹蛾幼虫。或用40%乐果乳剂25倍液用注射器注入虫道,用湿土封虫孔杀死幼虫。在幼果期喷洒40%乐果乳剂1000倍液农药防治幼虫危害。6~7月树干到根部喷洒50%硫磷乳剂400~500倍液,每15天喷1次,共2~3次,毒杀木蠹蛾的初孵幼虫。可依靠寄生性天敌白僵菌、小茧蜂、斯氏线虫和捕食性天敌广腹螳螂进行生物学防治。

(2)天牛

天牛科害虫危害薄壳山核桃的叶片及枝干,是危害薄壳山核桃最严重的虫害之一(图5-15)。其危害种类已发现6种,其中云斑天牛和旋枝天牛幼虫环树干和枝条蛀食1周,使树体或枝条枯死。天牛幼虫蛀食树的皮层和木质部,排出褐色粪便和粗木屑(图5-14),树木受害后树势衰弱,甚至枯死。在7~8月幼虫危害期,幼虫会将粪便排在危害部位,极易识别,此时可将敌敌畏原液或稀释5~10倍液注入虫孔,然后用棉球或泥封闭进行防治。

图5-14 树根处天牛排泄物

云斑天牛可依靠寄生性天敌白僵菌、长尾跳小蜂(*Tyndarichus horsfieldii*)、天牛卵跳小蜂(*Oophagus batocerae*)、肿腿蜂(*Scleroderurus* sp.)、管氏肿腿蜂(*S. guani*)、丽锥腹金小蜂(*Solinura ania*)、两色刺足茧蜂(*Zombrus bicolor*)和捕食性天敌黑褐举腹蚁(*Crematogaster rogenhoferi*)、黄猄蚁(*Oecophylla smaragding*)、日本黑褐蚁(*Formica japonica*)、扁平虹臭蚁(*Iridomyrmex anceps*)、蠼螋(*Labidura riparia*)、中华刀螂(*Tenodera sinensis*)进行生物防治。星天牛和薄翅锯天牛幼虫啃食根部根茎皮层可导致植株死亡。星天牛防治方法为5月上旬至7月中下旬人工

捕杀成虫，或在5月下旬用8%绿色威雷300倍液或50%甲胺磷乳油400倍液获40%氧化乐果400倍液每15天喷施1次。6月下旬至7月上旬人工搜查天牛产卵处，捶杀卵块。8月下旬用白僵菌粘膏涂抹虫孔。在种植园区20~30m处栽植若干苦楝树，诱集成虫，5月上旬至7月下旬每天上午和傍晚各检查捕杀1次，或每15天对苦楝树喷施1次40%氧化乐果400倍液。对树冠处的成虫，振落后捕杀，也可用黑灯诱杀。产卵后用氧化乐果乳油5~10倍液涂抹根茎、树干和主枝。释放花绒寄甲卵与成虫，有良好的控制作用。在10月下旬至11月上旬，薄壳山核桃树采摘完果实后，对树体的主干地上部分1.0~1.5m高度部分采用涂白剂进行涂白，涂白剂按照以重量为单位的水10~15份，生石灰3~5份，石硫合剂原液0.5~1.0份，果胶粉0.1~0.3份、80%敌敌畏乳油0.2~0.4份和20%吡虫啉1~2份。次年3~4月，对于主干以上的侧生枝条采用钻孔注药的方式进行预防，钻孔位置位于侧生枝条与侧生枝条之间的树杈处，钻孔深度要求达到侧生枝条的髓心处，钻孔口径0.5~1.0cm，掏空锯末，然后注入防天牛药剂，防天牛药剂为50%甲胺磷乳油、40%氧化乐果乳油、75%可湿性呋喃丹粉剂、50%久效磷乳油中的一种或几种药剂的混合液，加水稀释50~100倍，钻口处用锯末塞住。刘于未枯死腐烂的树枝，用快刀及时刮净病部树皮，涂刷消毒液进行消毒，消毒液为75%的酒精或1%~3%的高锰酸钾溶液。

(3) 吉丁虫

吉丁虫的幼虫在美国薄壳山核桃枝干的皮层中螺旋状取食或蛀食1圈，排出褐色的虫粪和细木屑，流出褐色液体。其树木遭危害后，树势很快衰弱，果实产量大减，其质量极差。枝条遭此虫危害后叶黄，不能结果。每年6~8月是危害的高峰期，要经常检查树冠和树干下有无虫粪，若发现虫粪要及时找到虫孔防治。防治方法与防木蠹蛾相同。

(4) 透翅蛾

透翅蛾的幼虫危害直径在15cm以上的大树主干中下部，在韧皮部与木质部之间蛀食成孔道。受害植株树势衰弱，严重时可造成全树死亡。冬季结合清园，用刀刮去主干中下部的老树皮，并涂白，对防治越冬幼虫有一定效果。在幼虫危害期可试用棉花小团蘸敌敌畏乳油塞入虫道，然后用泥浆封闭进行防治。

(5) 球蚧

蚧科的枣大球蚧与槐花球蚧均以若虫及雌

图5-15 天牛危害状

成虫刺吸汁液危害，危害盛期为4月中旬至5月中旬，严重发生区虫害率达100%。枣大球蚧雌成虫主要危害1~2年生枝条，93.6%位于梢头20cm范围以内。槐花球蚧雌成虫危害1至多年生枝条，集中于侧枝距梢头1.5~2.5m向地一侧，严重时槐花球蚧虫体密布主干及所有侧枝。枣大球蚧与槐花球蚧均1年发生1代，枣大球蚧以2龄若虫在1~2年生枝条越冬。槐花球蚧以2龄若虫集中于细枝越冬，枝条破损处及主干溃疡病病斑处亦见越冬若虫。槐花球蚧2月下旬若虫开始活动，枣大球蚧3月下旬开始活动，5月下旬至6月中旬2种蚧虫卵开始孵化，枣大球蚧比槐花球蚧孵化期早。初孵若虫爬至叶片危害，多在叶背主脉两侧，叶正面分布较少。10月两种蚧虫2龄若虫转回枝条越冬。冬季剪除枯死枝在林间集中烧毁，初春人工刮除雌成虫，结合使用5%柴油乳剂进行防治，若虫孵化期使用菊酯类、乐斯本等农药进行化学防治，虫情可得到控制。

(6) 纽棉蚧

一年发生一代，以受精雌成虫在枝条上越冬。3月初开始活动，生长迅速，3月下旬虫体膨大，4月上旬隆起的雌成体开始产卵，出现白色卵囊。5月上旬末若虫开始孵化，5月中旬进入孵化盛期，5月下旬为孵化末期（图5-16）。若虫主要寄生在2~3年生枝条和叶脉上。11月下旬、12月上旬进入越冬期。防治方法是在若虫孵化盛期喷洒2.5%功夫菊酯乳油2500~3000倍液、20%灭扫利乳油1500~2000倍液、20%速灭杀丁乳油2500~3000倍液、50%灭蚜松乳油1000~1500倍液等进行防治。6~9月应采用花保100倍、1.5%烟·参碱乳油800倍或烟草水100倍液喷洒进行无公害农药防治。冬季越冬期可用松脂合剂30倍液进行防治。冬季或产卵期剪去带虫枝，焚烧处理，并剪除过密枝条以利通风透光。保护利用如红点唇瓢虫、草蛉、寄生蜂等天敌。在产卵或1龄期用高压喷雾机清水冲掉幼虫或卵囊。

图5-16 纽棉蚧

4. 危害果实的害虫

(1) 桃蛀螟

桃蛀螟以其幼虫危害果实。桃蛀螟产在果和果柄上的产卵，孵化成幼虫后蛀入果内，果皮外表留有蛀孔，从蛀孔流出黄褐色透明胶汁，常与其排出的黑褐色粪便混在一起，粘附于果面，容易识别（图5-18）。该幼虫在果内将果仁吃光，使果内充满粪便，老熟后在果内或果柄相接处结白茧化蛹。成虫羽化后转移到其他果树或农作物上(图5-17)。秋冬季节清除残枝落叶可减少桃蛀螟的越冬幼虫数。高发季节用黑光灯、糖醋液诱杀成虫。应及时摘除虫果，集中销毁，以消灭果内的幼虫。6~9月每月喷施40%乐果乳剂1000倍液等农药1次，毒杀其卵及幼虫。

图5-17 桃蛀螟

图5-18 桃蛀螟幼虫危害果实发育

(2)山核桃象鼻虫

山核桃象鼻虫是在北美地区危害最严重的害虫，幼虫主要为害果实，为害果实有明显的产卵孔，损害种仁，使果实充满褐色粪便，果实变成空壳，严重影响果实质量和产量。成虫咬芽，导致芽枯萎脱落，第二年形成枯枝，严重影响核桃产量。甲萘威是防治象鼻虫的主要杀虫剂，但是叶面喷洒会杀死天敌导致次要害虫的爆发，树干喷洒对天敌危害小，再暴晒12小时，经过13天的树干疗法后，喷洒500倍甲萘威液防治效果好。

七、采收与贮藏

(一)果实的采收

当薄壳山核桃树的果实青皮由绿转黄至成熟时，果实会开裂，而掉落出坚果此时已进入果实的采收期。果熟要及时采收，延迟采收，果壳和种仁会变色。薄壳山核桃果实的成熟期因品种而异。早熟品种的果实成熟时间为9月下旬，有'波尼'、'卡多'；中熟品种的果熟期在10月中旬，如'金华'、'绍兴'；晚熟品种11月上旬果实成熟。一株树青果开裂时间持续1个多月。因此，一般在果实开裂60%左右进行第1次采收。过10天左右进行第2次采收。此后，树上的果实已很少，其中有很多是空瘪和不饱满的果实，已不会开裂，能成熟开裂的果实不多,可视情况决定是否第3次采收,或者在采收前4周对结果枝喷施一次浓度为200mg/kg乙烯利制剂,并用Ca(OH)$_2$溶液将pH值调至7.0,促进果实外种皮开裂。采用振荡机械震落其坚果,用坚果收获机收集;人工采摘用实心竹竿敲打果枝震落坚果而捡拾的方法采收其果。然后用清选机把坚果与果皮、叶片、小枝和其他杂物分离后进行烘干,分级包装贮藏。薄壳山核桃的坚果颜色为黄褐色,果小,落地后与土色相混,不易捡拾干净。采收前应将树下杂草铲净,在其树冠下铺上彩条塑料布或厚塑料布以接收从树上抖落下的带有果皮、枝叶的坚果,捡出坚果集中装袋。将不开裂的果实集中,堆放5~6天后捏果,能裂开果皮的果是成熟的果,剥出坚果,除去捏不开的不饱满和空瘪的果实。坚果要分品种装袋,不要混杂(图5-19)。

图5-19　果实成熟

(二)果实的调制与贮存

目前国内的美国薄壳山核桃果产量较少,所产坚果主要用来育苗,上市售卖的鲜果还不多,新鲜坚果一般带壳食用,味香可口,很少加工。美国的薄壳山核桃果产量高,其中10%~20%的果带壳食用或销售,80%以上的果经机械脱壳后出仁销售。机械脱壳前,必须将其坚果依大小分级,然后用蒸汽法将种仁回潮,以避免种仁在加工时容易破碎。脱出的种仁在常温下一般可贮藏4~6个月,时间长会变味。因此其种仁要放置在冷凉的地方或冷库中贮存。美国农业部将美国薄壳山核桃的种仁分为5级,分别为一类半仁级、商业半仁级、一类碎仁级、商业碎仁级和次类碎仁级。收购商常依据坚果大小、种仁大小、饱满度、出仁率、食味等将其种仁分为特级(最高级)、优级(选择级)、琥珀级(最低级)3个级。

刚采下的薄壳山核桃坚果含水率高达20%~25%,除留作种子用外,其他坚果要尽快除去水分,以保证坚果的风味、颜色和品质,防止发霉变质造成损失。美国用机械风干方法进行薄壳山核桃坚果的脱水,我国用晾晒法脱水。其坚果若在烈日下曝晒脱水,种壳容易炸裂,而种仁容易变质,因此其坚果晾晒脱水时要罩上稀疏的遮阴网。经晾晒的坚果，种仁颜色为浅黄白色，美观质好；阴干的坚果种仁为深黄色质稍差。坚果晾晒后含水率降至4%左右时，凉后可装袋收藏。袋上拴上标签，注明品种、数量、产地、贮藏日期等。在常温下，薄壳山核桃的坚果放置在阴冷干燥的室内半年不会变坏。但薄壳山核桃的坚果含不饱和脂肪酸90%以上，容易被氧化，贮藏期温度过高则坚果的呼吸作用增强，养分消耗增加，所含脂肪酸的氧化过程加快，降低坚果品质。因此坚果要在低温干燥的条件下贮藏，温度越低贮藏时间越长。一般坚果晾干后装在聚乙烯薄膜袋内，并充入浓度95%的氮气后封紧袋口，同时采取防霉、防虫蛀、防出油、防鼠等措施，放在4℃的冷库内贮藏，坚果带壳贮藏比脱壳贮藏保质的时间要长。

参考文献

[1] 张计育，翟敏，李永荣，等. 果用薄壳山核桃建园关键技术[J]. 中国南方果树，2020，49(4)：172-174.

[2] 窦全琴，薛兴建，骆群. 薄壳山核桃树冠定向培育方法[P]. 江苏：CN108476845B，2019-12-24.

[3] 张计育，李永荣，王刚，等. 一种快速培养薄壳山核桃树冠的方法[P]. 江苏：CN104542159A，2015-04-29.

[4] 刘广勤，朱海军，藏旭，等. 薄壳山核桃早果丰产整形方法[P]. 江苏：CN102017883A，2011-04-20.

[5] 冯刚，裴文，吴亚云，等. 环割和摘心对薄壳山核桃枝条生长和叶片碳氮代谢物积累的影响[J]. 南京林业大学学报(自然科学版)，2017，41(6)：8-12.

[6] 韩杰，张明，林苏宝，等. 不同修剪措施对薄壳山核桃幼树光合特性的影响[J]. 南京林业大学学报(自然科学版)，2017，41(6)：13-18.

[7] 徐迎春，张翔，李永荣，董凤祥，翟敏. 一种培养大量结果枝的薄壳山核桃全年修剪方法[P]. 江苏：CN103875501A，2014-06-25.

[8] 杨延忠，杨旭涛. 薄壳山核桃主干疏层形控形修剪技术要点[J]. 安徽农学通报，2019，25(21)：80-81.

[9] 梁华来. 薄壳山核桃果用丰产林早期整形修剪技术[J]. 现代农业科技，2019(15)：94，96.

[10] 张勇. 一种薄壳山核桃丰产树型培育的方法[P]. 江苏：CN107926424A，2018-04-20.

[11] 陈于，朱灿灿，耿国民. 一种薄壳山核桃果材兼用的高定干方法[P]. 江苏：

CN108605630A，2018-10-02.

[12] 俞春莲．薄壳山核桃果实成熟过程中主要营养物质变化规律研究［D］．杭州：浙江农林大学，2013.

[13] 张圆圆．山核桃林地土壤养分现状与山核桃植物营养研究［D］．杭州：浙江农林大学，2010.

[14] 习学良，桑轶敏，茶跃龙，等．薄壳山核桃肥料及使用该肥料的薄壳山核桃种植方法［P］．云南：CN109534900A，2019-03-29.

[15] 李莹．生长调节剂对环江县引种薄壳山核桃'绍兴'控梢促果影响初探［D］．南宁：广西大学，2020.

[16] 李永荣，徐迎春，张翔，等．一种用PBO和多效唑联合施用提高薄壳山核桃产量的方法［P］．江苏：CN103975785A，2014-08-13.

[17] 习学良，赵阡池．用于陡坡地的薄壳山核桃长效施肥方法［P］．云南：CN111373916A，2020-07-07.

[18] 储冬生，周晓春，吴应康，等．一种促进薄壳山核桃生长的肥料配方［P］．江苏：CN110627541A，2019-12-31.

[19] 王博翰，朱修磊，李健．一种薄壳山核桃种植土壤改良剂及土壤改良方法［P］．安徽：CN105130639A，2015-12-09.

[20] 杨标，刘壮壮，彭方仁，等．干旱胁迫和复水下不同薄壳山核桃品种的生长和光合特性［J］．浙江农林大学学报，2017，34(6)：991-998.

[21] 美国薄壳山核桃果实采收调制与贮存［J］．致富天地，2011(8)：38-39.

[22] 贾晓东，宣继萍，张计育，等．优质薄壳山核桃果实采收加工方法［J］．北方园艺，2014(22)：127-128.

[23] 吴炜，王艳，卢碧云，等．一种薄壳山核桃果实采收装置［P］．安徽：CN111820004A，2020-10-27.

[24] 赵建亚，王考艳．泗洪县薄壳山核桃绿色高效栽培与管理关键技术［J］．基层农技推广，2020，8(4)：85-87.

[25] 葛浩新．一种气调包装的薄壳山核桃冷藏方法［P］．安徽：CN107509809A，2017-12-26.

[26] 贾晓东，郭忠仁，李永荣，等．一种薄壳山核桃的采收加工方法［P］．江苏：CN102918997A，2013-02-13.

[27] 巨云为，赵盼盼，黄麟，等．薄壳山核桃主要病害发生规律及防控［J］．南京林业大学学报(自然科学版)，2015，39(4)：31-36.

[28] 范结红．薄壳山核桃主要病害发生规律及防控策略［J］．安徽农学通报，2021，27(11)：116-118.

[29] 巨云为, 曹霞, 叶健, 等. 美国薄壳山核桃虫害研究综述[J]. 中国森林病虫, 2014, 33(1): 29-34, 43.

[30] 何海洋, 彭方仁, 李小飞, 等. 薄壳山核桃果园虫害调查分析[J]. 江苏林业科技, 2015, 42(2): 10-14, 38.

[31] 何雅萍, 吕运舟, 巢文毅, 等. 一种防治薄壳山核桃细菌性黑斑病的方法[P]. 江苏: CN108401763A, 2018-08-17.

[32] 杨昌华, 贝学全, 章开银. 一种预防薄壳山核桃天牛危害的方法[P]. 安徽: CN109328784A, 2019-02-15.

[33] 任华东, 姚小华, 常君, 等. LY/T 1941—2021 薄壳山核桃[S]. 2022-01-01.

第六章 薄壳山核桃林下经济

2012年,国务院办公厅发布《关于加快林下经济发展的意见》(国办发〔2012〕42号),确定了林下经济发展的总体目标,即"努力建成一批规模大、效益好、带动力强的林下经济示范基地,重点扶持一批龙头企业和农民林业专业合作社,逐步形成"一县一业,一村一品"的发展格局。随后,各省市积极跟进,湖北省发布《省人民政府办公厅关于大力推进林下经济发展的意见》(鄂政办发〔2012〕75号)、贵州省发布《关于加快林下经济发展的实施意见》、河北省人民政府发布《关于加快林下经济发展的实施意见》、江苏省政府办公厅发布《关于加快发展林下经济的实施意见》(苏政办发〔2013〕115号)等。各省市通过政策支持、资金扶持、科研攻关等措施,极大推进了林下经济产业的发展壮大。云南省通过出台一系列促进林下经济高质量发展的措施,保障全省林下经济实现千亿元产业发展。广西壮族自治区以林下种养为主导,2019年广西林下经济总面积达到6423万亩,林下经济总产值1144亿元。2013年湖南省人民政府办公厅发布《关于加快林下经济发展的实施意见》,2018年湖南省林业厅召开《湖南省林下经济千亿产业发展规划(2018—2025年)》。2021年,国家林业和草原局印发《全国林下经济发展指南(2021—2030年)》,可以说林下经济已经成为某些地区的特色支柱产业,成为促农增收的新途径、产业增长的新亮点、群众致富的新抓手、精准扶贫的新方式。

一、林下经济概述

从20世纪30年代开始,国外学者就研究了有关林下经济的问题。J. Russell Smith于1929年在他所编写的 *Tree Crops—A Permanent Agriculture* 首次介绍了林下经济的经营方法,详细阐述了在林下生产饲料并保持森林环境健康的经营模式。美国未来资源研究所的经济学家克鲁迪拉可能是最早着眼于林下经济对自然环境的影响的学者,他选择两个地域相邻、自然条件及其他条件都很相似的农场,一个只经营纯林,另一个则进行林下种植,结果发现林下种植可以给林农带来更加丰厚的附加收益。在这之后,相关研究机构的科学家也纷纷在这一领域开展研究工作。国外最初运用的并非是"林下经济"这一理念,而是用农林复合经营系统、生态林业等其他类似的概念来进行表述。我国农林复合经营的历史悠久,北魏贾思勰在《齐民要术》中记载"种桑柘,其下常掘,种绿豆小豆,二豆良美,润泽益";明代徐光启编写的

《农政全书》中有"则(夏)种栗，冬种麦，当可锄耕"等的记录。这些复合种植模式能够充分利用土地和空间，保护水源，将各种农业生产有机结合起来，提高土地利用率，提升土壤肥力，改善小气候，有效地解决生态环境破坏的问题，从而实现土地生产经营系统的可持续发展，使综合效益最大化。近代以来，我国学者对林下经济的研究起步相对较晚，但随着国家对林业，特别是对林下经济的重视程度越来越高，不断涌现关于我国林下经济方面的研究成果。林下经济涉及的种植、养殖、加工、旅游多个产业的关键技术取得一些新的突破，一些新技术新模式的示范也起到了很好的示范效应，产业发展得到了有力的技术支撑。这些都为薄壳山核桃林下经济提供了良好的理论支撑和技术积累。

薄壳山核桃造林密度低、投产时间较长、前期投入较大，因此非常有必要开展农林复合经营和林下经济，比如发展林下种植、林下养殖、农家休闲、森林采摘等产业，从而提高林地的利用效率和产出率。近年来，随着人民生活水平提高，薄壳山核桃市场需求量逐渐增大，其种植面积也迅速扩大，发展薄壳山核桃林下经济成为提高经济效益的不二选择，农林复合生态系统也逐渐渗透到大众的视野中。薄壳山核桃林下经济的发展是一项系统工程，受众多因素的影响。从生产角度来谈，生产任何类型的森林经济产品都需要资金、土地、技术、人力的支持，这些因素是必要的，必须有机地联系起来。在生产实践中，往往有资金、土地、人员，但缺乏技术，导致项目实施后结果不理想，甚至失败。还有很多企业因对产品的市场容量大小、生产成本、价格变动等因素缺乏深入细致的分析，最终导致项目失败。林下经济很多时候是一种主要由政府主导型的经济，大部分资金是由政府投入的，因此在发展中一定要注意政策导向，综合考虑资金、土地、技术、劳动力、产品销售、市场前景等因素，才能实现较好的林下经营效果。林下经济形式一般包括林下种植、林下养殖、森林游憩和森林综合利用经营技术等，本章选择一些在文献中报道或者生产实践中的事例进行简要的叙述，供读者参考。

二、林下种植

林下种植具有生态环保、以短养长、土地利用率高等特点，发展林下种植业一方面避免了严重的水土流失，减轻了土壤侵蚀，增加了植物多样性，有利于保持生态系统的稳定。另一方面实现以短养长，能够有效克服林分收益慢、生产周期长等缺点，能取得较好的前期经济效益。此外，发展林下种植将传统林业纳入产业化、现代化经营，生产方式走向集约化，资金、技术、劳动力的大量投入可以吸收更多的社会剩余劳动力，拓展了林区人口致富的新途径。因此，发展薄壳山核桃林下种植业既能提高薄壳山核桃树的生长和产量水平，增加薄壳山核桃树下的土地生物多样性，取得了良好的经济效益，又能构建稳定的生态系统，有利于薄壳山核桃林生态系统的可持续发展。

(一)林下种植关键技术

1. 林下种植品种选择

选择林下种植品种是薄壳山核桃林下种植的关键问题，最好是在不影响薄壳山核桃林生长的前提下来发展薄壳山核桃林下经济。林下种植作物尽量不与薄壳山核桃自身产生剧烈水分和养分竞争，尤其是播种多年生的牧草，更应该注意避免其根系与薄壳山核桃树的根系交叉，从而减少对水肥的竞争。种植作物要植株相对矮小，生育期短，适应性强。同时，薄壳山核桃林的生长发育过程是一个由稀疏空旷到成园郁闭的过程(图6-1)。在此期间应该因地制宜，合理选择种植作物的种类和品种，间种作物也要不断变化，由喜光作物逐渐过渡到耐阴种类。对一些生态习性不清或者投资前景不明的物种，可以采取先行先试的方法，直到有足够的经验再进一步发展规模，不能盲目投资，以免造成不必要的经济损失；还可以进行多种模式相结合，使薄壳山核桃林下的种植模式更加丰富，如滁州市"薄壳山核桃+元宝枫+麦冬"立体模式，经济效益显著。

图6-1 薄壳山核桃幼林宽行空间利于林下种植

2. 密度控制

薄壳山核桃林下种植应重视因地制宜，要根据林下实际情况，适当考虑合理轮作、合理密植和合理配置等原则。林分密度通常被看作经营管理的核心，可直接影响林分结构和环境条件，进行林下种植的农户采取系列调控措施可以得到合理的林分密度，从而使林分以及林下种植作物的产量和质量均得到提高，因此科学规划林分密度，合理进行整形修剪是关乎薄壳山核桃林下种植质量非常重要的措施。虽然合理的栽植密度可形成良好的林分结构，促进林分生产力的提高，但在生产中需要注意不同品种的特性，只有注重良种和良法的有效结合才能提升薄壳山核桃林下产品的产量和质量。因此，发展薄壳山核桃林下经济，要充分考虑当地生态承载能力，适度、适量、合理地发展薄壳山核桃林下经济。

3. 水肥管理

进行林下种植时，由于收获目的物更多，因此施肥既要满足林下作物的需要，还要为薄壳山核桃生长发育提供养分。因此，进行林下种植施肥要注意以下几点：一是要尽量选用符合绿色食品生产需要的，使用准则中允许使用的肥料种类，并确保林产品各项微量元素指标不超标，满足森林绿色食品的质量标准。二是在生产中应该合理搭配大量元素与微量元素。其中，大量元素中的氮、磷、钾配合施用，避免偏施氮肥，从而降低其抗病虫性。三是在施用微量元素时，需平衡考虑有机肥应与无机肥配合使用，多施腐熟有机肥，从而改善土壤的理化性状。尤其是在中药材种植过程中，一定要采取绿色施肥技术，确保商品药材的硝酸盐含量不超标，保障产品质量。

4. 病虫害防治

要坚持保护生态、综合防治、最大效益三大原则，采取生物防治为主导、化学防治为主体、其他防治手段配合的综合防治手段，在获得最佳防治效果，同时避免破坏生态平衡或造成环境污染，也要避免对人、畜健康的损害。在防治过程中，尽可能选用高效、低毒、低残留的药剂，不仅效果好，还可以减少残留，提高杀灭效果。种植品种也应选择抗菌、抗病虫害的良种壮苗，栽植前应深耕改土，同时结合土壤消毒等措施杀灭部分病虫害，通过施肥、浇水等措施，保障水肥供应，促进植物健康生长，从而提高自身抗病虫害能力。同时，应注重保护、繁殖、释放天敌昆虫、动物，多采取微生物农药、生化农药等以虫治虫、以菌治病的多种生物防治手段。

5. 采收技术

为保障薄壳山核桃林下种植产品质量，适时采收非常重要。比如间种中药材，有效成分含量多少，是否达到药用标准，是其质量好坏的核心指标，其与生长年限、采收季节等因素关系密切，因此应及时采收，以符合国家药典规定和要求。林下栽植的菌类、水果等均应注意根据成熟时期进行适时采收。

(二)林下种植主要案例

1. 间种油用牡丹

油用牡丹（*Paeonia suffruticosa* Andr），毛茛目毛茛科芍药属植物，一般指凤丹，属于江南牡丹种类群，在黄河流域和长江流域一带进行大面积种植。在牡丹籽中含有大量的氨基酸、维生素、多糖和不饱和脂肪酸，具有很强的抗旱、抗寒、抗病性，在排水良好的坡地、岭地、滩地等边际土地上都可以栽培，且不与粮争地。薄壳山核桃栽植株行距较大，幼林期长，造成林下空间的浪费，通过发展"薄壳山核桃+油用牡丹"复合经营技术，不仅可以有效利用林下空间，还能有效抑制杂草的疯长，减少除草剂的使用，节约了栽培成本，对改善土壤通透性、抑制病虫害及杂草生长均具有促进作用，而且还增加了生物多样性，并促进薄壳山核桃生长，是较好的"二油"模式之一。

油用牡丹在2月中旬芽开始萌动；3~4月开花；5月初坐果，进入生长旺季；7月底，果实成熟，进行采收；8月落叶；10月休眠。薄壳山核桃于11月至翌年4月上旬叶片脱落，进入休眠状态；4月中旬至5月上旬开始萌动，雌雄花进入开花期；5月中旬至9月下旬开始坐果，植株进入生长旺盛期，7月中旬至9月下旬为果实灌浆期；10月初，果实逐渐成熟。通过对两者物候期进行比较不难看出，油用牡丹的物候期要早于薄壳山核桃的物候期。油用牡丹在萌动和开花的时候，薄壳山核桃大树仍在休眠过程中。油用牡丹在7月底完成采收，8月初落叶进入休眠，而薄壳山核桃在10月初才逐步成熟，油用牡丹的种植并不影响薄壳山核桃的采收。薄壳山核桃是多年生的高大乔木，根系主要分布在60~100cm深的土层中。油用牡丹属于多年生的矮小灌木，根系主要分布在60cm深的土层中，两者根系所处土层不同，根系水肥竞争不强，可以将薄壳山核桃和油用牡丹进行套作，形成薄壳山核桃和油用牡丹"双油"套作栽培模式。林下油用牡丹平均结籽5~7个，在薄壳山核桃林的遮阴条件下，4年生油用牡丹长势较纯牡丹栽植地栽培的油用牡丹长势和结籽产量分别高出51.35%和43.90%，套种优势非常显著。

2. 间种滇黄精

滇黄精（*Polygonatum kingianum* Coll. et Hemsl.），主要是指产地位于云南、四川等地的黄精，是一类补益类中药，既能补肺阴，又能益脾气，可以治疗脾胃虚弱而导致的倦怠无力、食欲不振、脉象虚软等。滇黄精适合生长在土壤肥沃、具有一定的遮阴条件的林下及排水性佳的灌木林地边缘。薄壳山核桃属于落叶乔木，在薄壳山核桃的叶片生长期，特别是在夏季光照强烈的情况下，林下郁闭度适宜滇黄精生长的弱光需求。冬季气温降低，薄壳山核桃树落叶后，林下日照量增加，积温量逐渐变大，适合滇黄精新生萌芽的分化温度，为翌年开春萌芽提供了良好的条件。近年来野生滇黄精资源逐渐枯竭，市场需求量变大，薄壳山核桃林下套种滇黄精能有效缓解需求压力，为市场提供近自然生产状态下的黄精产品。林分保留密度与林分郁闭度大小有关，因此在生产中，一定要注意薄壳山核桃的种植密度和经营强度，其导致的郁闭度变化会对林下滇黄精生长和产量带来直接影响。据资料显示，滇黄精产量在薄壳山核桃密度在 20 株/亩时最高，可达 126.36kg/亩，此时薄壳山核桃林分郁闭度为 0.5~0.6，滇黄精质量指标也最佳。需要注意的是，不同坡位薄壳山核桃林分林下套种滇黄精的株高、地径、根茎总长（不含种茎）、根茎直径、根茎鲜重（不含种茎）等指标也有所不同，有研究表明，下坡位的土质和水肥条件较中坡位和上坡位好，有利于滇黄精的生长。此外，薄壳山核桃树龄等因素也对滇黄精的产量和质量具有重要影响。

3. 间种桔梗

桔梗[*Platycodon grandiflorus*(Jacq.)A. DC.]，桔梗科桔梗属植物，多年生草本植物。桔梗可药食两用，现代研究表明，桔梗中含有大量的皂苷类、黄酮类及多酚类化合物，有祛痰止咳、抗菌消炎、抗氧化、抗肿瘤、降血脂等多种作用。桔梗的食用方式也有很多，鲜食和腌制最常见，其中腌制的桔梗菜是朝鲜族特色菜，在韩国也是盛行的泡菜"担当"。另外，桔梗的新鲜茎叶也可以食用，而且随着休闲食品市场的快速增长，用桔梗制作的桔梗丝、桔梗脯等产品深受人们的欢迎。桔梗喜湿润，在养分含量、有机质丰富的砂壤土上生长量良好，适宜种植在丘陵地带、半阴半阳的坡地。因此，在薄壳山核桃树下套种桔梗具有一定的优势，既能保持林区生态平衡，又能进行林下桔梗生产，还可以提高薄壳山核桃品质。同时解决了长期毁林开荒、破坏植被造成的水土流失，可以获得生态效益与经济效益的双赢。与此同时，还有利于山区资源的开发，变森林资源优势为商品优势，促使产业发展再上新台阶。目前林下桔梗市场前景较好，经济效益也比较可观，投资在短期内可以逐步收回，风险比较小。以改建 100hm² 薄壳山核桃及林下桔梗基地为例，项目总投资约 235 万元，其中工程费用 163.5 万元，工程建设其他费用 54 万元，预备费用 17.5 万元。改建的 200hm² 核桃园第三年可产核桃 12.5t，12 年间年累计产量 600t，收入 720 万元；桔梗丰产时干品产量可达 2625kg/hm²，按近年来干品价格 54 元/kg 计算，4 年后 100hm² 每年产值可达 2835 万元。这提供了一种很好的薄壳山核桃+中药材模式，其他药材包括金银花等矮秆植物（图 6-2）。

4. 间种蓝莓

蓝莓（*Vaccinium uliginosum*），杜鹃花科越橘属植物，是一种小浆果果树，当前选育的蓝莓树比较低矮，非常适合进行林下间作。一般蓝莓种植 2~3 年可达盛果期，口感甜酸适中，且具有香爽宜人的香气，为鲜食佳品，经济价值较高，是薄壳山核桃林下经济的理想作物。但薄壳山核桃树分泌的胡桃醌对多种农作物生长有非常明显的抑制作用，据朱泓等的资料，在种植薄壳山核桃 16 年以后，随着树龄的增长，叶片中的胡桃醌含量趋于稳定，土壤中的胡桃醌含量则迅速增长，表明在这

图 6-2　薄壳山核桃林下间种金银花

(Haijun Zhu 摄，来源于 https://www.pecansouthmagazine.com/)

段时间根系分泌是土壤中胡桃醌的主要来源。在薄壳山核桃种植的前 8 年，尽管叶中的胡桃醌含量明显增加，但是土壤中的胡桃醌含量较低且无显著变化，说明在这段时间由根、叶分泌物以及植物凋落物产生的胡桃醌输入与土壤中由微生物主导的胡桃醌降解作用仍处于一个动态平衡中，而这段时期恰好处于薄壳山核桃盛果期前，这就为薄壳山核桃林下间作带来了极大便利。还有相关试验结果表明，3 年生兔眼蓝莓品种"园蓝"(Garden blue)有作为薄壳山核桃套作经济林果品种的潜力。兔眼蓝莓则是蓝莓中抗性最强的一类，园蓝又是兔眼蓝莓中抗性最强的品种之一，扦插苗具有极强的胡桃醌耐受性，能耐受高达 45μg/g FW 胡桃醌胁迫，因此适宜在薄壳山核桃林早期间种。需要注意的是，由于蓝莓是异花授粉植物，种植时需要与合适的授粉树进行组合。

5. 间种石蒜属植物

石蒜属(*Lycoris* Herb.)，百合目石蒜科下的一个属，多年生宿根草本，作为一种观赏花卉，花型奇特，花色艳丽，具有很高的观赏价值。鳞茎含有 10 余种生物碱，具有较高的药用功能。根据对薄壳山核桃和石蒜的物候期进行比较，可以看出两者存在着相反的物候期现象，主要表现在以下 3 个方面：一是，从晚秋到早春时期，薄壳山核桃落叶，进入休眠，这时石蒜叶开始发育；二是，早春到夏，薄壳山核桃开始萌动、展叶、开花结实，进入生长发育阶段，而此时石蒜叶片枯萎，进入休眠。7~9 月，不同品种的石蒜开始陆续抽出花葶，萌发开花；三是，到了 10 月，薄壳山核桃果实开始成熟。石蒜花茎从底部倒掉，并且很快消失在土壤中。薄壳山核桃与石蒜间种的优点主要表现为以下几点：第一，薄壳山核桃属多年生的木本植物,且为乔木,果实成熟采收时通常依靠果实自然脱落,然后在地面捡取果实。此时地表的石蒜花已经凋谢且回归土壤,不留痕迹,地表面光秃,可以便于薄壳山核桃果实的收集。第二,在晚秋至早春时节,薄壳山核桃叶片脱落,树木枝条呈现光秃秃的景象,在这时,地被植物石蒜属植物叶片翠绿,带状叶形优雅,在万物萧条的秋冬季节,起装饰作用,不仅丰富了景色,又可以体现出亚热带地区的自然群落分层结构和植物配置的自然美。同时,薄壳山核桃叶片已经脱落,不会影响石蒜属植物的光合作用和生长发育。第三,在晚春到夏季,薄壳山核桃迅速生长,呈现枝繁叶茂的景象。而此时石蒜属叶片枯萎,回归土壤,同样是不留痕迹,不需要光合作用。石蒜花型高雅别致,花色丰富。其花色有鲜红、玫瑰红、紫红、桃红、粉红、淡黄、金黄、橙黄、乳白、纯白等颜色。可见,薄壳山核桃与石蒜间作是一种较好的林下经济模式(表6-1)。

表6-1 薄壳山核桃与石蒜属植物物候期比较表

	11月至次年4月上旬	4月中旬至5月上旬	5月中旬至9月下旬	10月
薄壳山核桃	叶片脱落,进入休眠期。	开始萌动,雌雄花进入开花期。	开始坐果,植株旺盛生长。7月中旬至8月下旬是果实灌浆期。	开始成熟。
石蒜属植物	11月上旬开始长叶,叶片发育持续到4月上旬。	叶片枯萎分化,进入休眠期。	陆续抽出花葶,萌发开花。	花茎消失。

近年来,随着市场对石蒜的需求量越来越大,为满足市场需求,人们开始引种驯化和人工栽培的石蒜属植物。因此,在薄壳山核桃园间作石蒜可以带来较好的经济价值,同时,可以美化环境,保持生态平衡,节约劳动力成本,具有非常重要的开发前景,是乡村振兴、美丽乡村建设的良好方式。

6. 间种茶叶

目前,全国茶园面积约为4597.87万亩,单一的纯林经营模式使茶园土壤酸化较为严重,极大影响了茶叶的产量和品质。夏季也常常因为光照过强和直射时间太长,裸地茶园的茶树生长受到抑制,甚至被灼伤,全日照还会刺激茶树生殖生长,导致多花早衰。茶园内间植林木,对改善光照、温度、湿度、土壤性状和茶树生长发育以及茶叶品质均有重要作用。有研究结果表明,同坡位的茶园套种的薄壳山核桃树在地径、苗高、分枝和冠幅上,均大于普通的山地栽培。在不同坡位之间则表现为下坡>中坡>上坡。在现有的茶园中栽培薄壳山核桃,茶林复合,不需要增加任何土地,且目前林茶模式技术较为成熟,市场潜力大,收益高,是荫蔽林地种植的首选模式。在薄壳山核桃林下发展茶叶,成本低,可以保持水土,其叶常绿,在冬季薄壳山核桃落叶后,视觉效果较好。成林后,薄壳山核桃林的边缘效应还可以提高光能利用率，从而改善茶树的生长环境，茶园产量由此得到提高。这种栽培模式也会明显促进薄壳山核桃树的生长，平均每公顷还可以增收果实375~750kg，是一种典型"果茶共荣"的复合型"双经济林"高效栽培模式。薄壳山核桃成年树还可以用于绿化，实现生态、经济、社会三大效益的同步增加。在茶叶产业产能过剩的当下，薄壳山核桃和茶叶"茶—林"复合栽培模式是茶产业转型的一条非常好的出路。

7. 间种柴胡

柴胡是一种传统中药，属于阴性植物，可以用于感冒发热、寒热往来、月经不调、子宫脱垂等症。随着近年来人们对柴胡药效研究的不断深入，对柴胡药用价值的认识不断加深，柴胡的市场需求量变得越来越大。柴胡具有较强的适应性，耐寒耐旱，适合在排水性好的缓坡阴湿地种植。薄壳山核桃林下可以提供柴胡适宜的阴湿环境，可以实现林业资源的合理规划和优势互补，提高林下种植的使用价值和附加价值，是一种高效的经营模式。薄壳山核桃发芽晚、落叶早，而且前期生长较慢，收获等待期较长。在薄壳山核桃幼树和结果初期，林下间作柴胡药材，可充分利用土地和空间，提高土地利用率和经济效益，同时也有助于保持水土和节约成本，作为林草结合的循环经济发展模式受到林农的认可。在生产中，树盘对于薄壳山核桃根系生长和营养水分吸收有着非常重要的作用，足够空间的树盘可以利于田间通风透光，减小薄壳山核桃与柴胡的竞争强度。树盘需做成平整畦子，及时中耕锄草，减少水分的流失，还可以避免杂草对水肥的争夺。生长结束期要清理树盘内的枯落物，加以深耕从而减少病虫害的越冬率。在林药复合经营系统中，薄壳山核桃与柴胡共同生长，土壤中各营养成分的消耗量较大，所以应加大施肥量。树盘内采用全园垦复、撒施腐熟的有机肥或复合肥等一系列措施，施肥时间一般选在晚秋和早冬。在林药复合经营系统中，树体与间作物共同生长，所以应保证充足的地上空间，避免两者之间争夺光照。薄壳山核桃树居于植被层的上层，直接决定光照的分配，可以通过整形修剪、拉枝等技术措施，调整林内的郁闭度和光照条件，防止林分过度郁密，增强林下的通风程度，以创造林下植物健康生长的环境，从而调节其产品质量和产量。需要注意的是，薄壳山核桃林下柴胡种植需要考虑当地的林地实际条件，不能盲目效仿，一方面应该通过系统学习，了解柴胡的生长习性，掌握柴胡种植的技术，合理地选择品种、播种时间、施肥、除虫等技术措施，另一方面要和相关的科研院所加强联系，以便及时、快速、有效地采取技术措施解决生产中遇到的问题，从而最大限度地减少种植损失。薄壳山核桃+柴胡间作复合经营模式投资少、效率高，是一种促进林木生长和实现林草结合的循环经济发展模式，可以极大缓解山区人多地少、经济林效益慢等问题，是一种可以选择的林下经济模式。

8. 间种紫山药

紫山药是山药的一种，因为它的果肉为紫色而得名，这种山药含有大量花青素，滋补功效出色，有利于治疗心血管疾病，并且起到抗氧化、美容养颜的作用，很多人都会把它叫作"紫人参"，其既是餐桌佳肴，又是保健药材，是很好的食药补品。其外观粗长，长度约100cm，胸径约6cm；肉质紫红色，口感佳、营养丰富，含有淀粉、多糖、蛋白质、皂甙、淀粉酶、胆碱、氨基酸、维生素、钙、铁、锌等20多种成分。紫山药有很高的药用价值，《本草纲目》中记载：经常食用可以增加人体的抵抗力，降低血压、血糖、抗衰益寿、健身强体等，还有益于脾、肺、肾等功能。紫山药是深根植物，喜温、喜充足阳光，适宜土层深厚、肥沃疏松、排水良好的地块种植，环境需求与薄壳山核桃具有一定的一致性，适合薄壳山核桃林早期套种，当薄壳山核桃林的郁闭度达50%以上时，不宜再在林下种植紫山药。在薄壳山核桃树下套种紫山药需进行严格的田间管理，首先要适时疏苗，出苗后留2~3个健壮主芽，摘除其余赘芽。其次要中耕除草，如果田间杂草较多，需先进行人工除草松土。再次需要立杆搭架，当苗高30cm时，选用150~160cm的细竹竿，架成"人"字形，下端插入土中15~20cm，距顶部30cm交叉，并用横杆连接、固定所有交叉处，这种操作可以改善通风透光条件，提高植株中下部叶片的光合作用，降低架内湿度，减少病害，从而提高薯块的产量。最后要注意进行化学控制，当藤蔓出现生长过于旺盛时，可以用15%的多效唑进行化控。在生长中后期应及时摘除抽生腋芽、基部侧蔓，茎蔓长至架顶时应做摘心处理，这样以提高通风透光条件，增强植株中下部叶片的光合作用。近年来不同品种的紫山药已经在我国很多地区种植，因其丰富的营养品质和药膳作用，越来越受社会市场的关注和青睐，市场需求量正在逐年上升。薄壳山核桃树套种紫山药的林下经济模式，是一种促进高效生态种植业、增加林农收入的林下经济模式，具有一定的发展前景。

9. 林下生产菌类

发展林菌模式，实现以林养菌、以菌促林是提高林农收入水平、促进森林综合效益增长的有效途径。利用林下空气湿度大、遮阴条件好、昼夜温差小的特点，在林下种植印度块菌、平菇、香菇等食用菌不仅可以避免夏季大棚内温度过高、难以调节等问题，成本也远低于在大棚中种植蘑菇，据安徽等地资料，产量也比大棚种植蘑菇高20%以上。同时，林下生产菌类是模仿生物自然规律和法则栽培的有效方式（仿生栽培），生产的蘑菇质量也要明显优于在大棚里生产的蘑菇，是发展有机、绿色和无公害农产品的有力措施。此外，蘑菇生产期较短，基本在3个月左右，收益见效快、风险小、回报率高是在林下进行蘑菇种植的主要优势。在薄壳山核桃林下进行蘑菇种植,把收集的秸秆和牲畜的粪便作为菌床,不仅可以有效解决秸秆废料的问题,还可以减少秸秆焚烧产生的环境污染问题。同时蘑菇种植所用的废料恰巧是适合林木生长的有机肥料,可以实现植物链的良性循环。山核桃松露是薄壳山核桃林下形成的圆形、多节或浅裂的蘑菇子实体。在市场上,新鲜的山核桃松露售价为每盎司10~20美元。山核桃松露可以与薄壳山核桃树共生,因此是薄壳山核桃林下种植的重要菌类(图6-3)。印度块菌是与薄壳山核桃共生的主要外生真菌之一,是药食两用真菌,风味独特,新鲜时口尝菌肉有山芋的清甜味,是极为名贵的食用菌,有较高的营养价值,价格之高堪比钻石,被誉为"餐桌上的钻石""地下黄金"。同时接种印度块菌可以促进薄壳山核桃林生长,提高林地土壤肥力。薄壳山核桃间种印度块菌具有良好经济效益、社会效益和生态效益,可以有效促进林业的可持续发展。

图6-3　薄壳山核桃松露

(GREEN DEANE摄,来源于https://www.eattheweeds.com/newsletter-3-july-2018/pecan-truffles/)

10. 间种其他低矮型植物

在薄壳山核桃未进入盛产期之前,可以在薄壳山核桃林间种植其他灌木型经济林树种、园林绿化树种等低矮型植物。在这类模式中,比较有代表性的是薄壳山核桃林下间种苗木、间种油茶、间种球形灌木、蔬菜、中药材等(图6-4,图6-5)。薄壳山核桃林下种植绿化苗木在薄壳山核桃早期林中进行还是可行的,但是在薄壳山核桃林逐渐长成后应及时进行挖除,以避免薄壳山核桃树与绿化苗木之间的相互竞争。薄壳山核桃树下进行油茶种植可以比较合理地利用林下空间,但是所能产生经济效益尚不明确,有待观察,不过油茶是常绿树种,在冬季可大大改善薄壳山核桃林的冬季景观,一些低矮性油茶良种在薄壳山核桃成林后也可以在一起间种。在林下种植白三叶、柱花草、苏丹草等,可以改良土壤,促进土壤有机质积累,提高土壤质量。还也可以在林下空地进行花卉、盆景的培育，虽然适合林下培育的苗木花卉、盆景种类比较多，但在生产时，还是要根据市场需求和当地环境条件，选择适合当地气候的品种和类型，才能获得显著的经济效益。

图6-4　间种珠芽魔芋

图6-5　间种魔芋

三、林下养殖

林下养殖可以使土地、光照、水分等自然资源得到最充分的利用。目前，林下养殖的主要模式有林下养禽（鸡、鹅、鸭等）、林下养畜（猪、牛、羊等）、林下特种经济动物（鸵鸟、蛙等）养殖等模式。发展林下养殖时首先应该进行充分和科学的调研，以保护生态环境为前提，选择合适的林分，根据相关的法律法规要求，对养殖的种类及数量进行合理的规划，要充分考虑环境的承载力，探寻能够实现可持续发展、经济价值高的林下养殖经营模式。有关研究结果表明，林下养殖，不仅能改良土壤的理化性状，还能提供饲料以反馈农业，比如蚯蚓能提供给养鸡业使用，但林下养殖数量一定不能超过林地的负荷程度，更不能影响主栽树种的生长结实，不然会适得其反。最近几年，我国很多地区尝试进行林下养殖，取得很好的效益。薄壳山核桃林下土地资源丰富，可利用率很高，因此在薄壳山核桃林下发展林下养殖是可行的。发展薄壳山核桃林下养殖，可以形成以林养牧，以牧促林的新型经济发展模式。

（一）林下养殖关键技术

1. 建舍围栏

为了减少禽畜体能的消耗，便于育肥和饲养管理，最好将薄壳山核桃林地进行区域划分，用篱笆或铁丝网等围起来。区域大小可以依据饲养的禽畜种类和数量来决定，每个养殖区又可以划分为若干个小区域，便于轮换养殖和饲养管理。

分区围栏可以用易拆卸的钢管或者水泥柱围栏，形成林网化的围栏小区。也可选用卫矛、大叶黄杨等有刺植物，进行带状密植，来形成植物绿篱。林下养殖还必须建立圈舍，要在林地内避风向阳、地势高、排水排污条件好且交通便利的地方建立。圈舍的建设标准，要依据不同的饲养品种来决定。要砍伐对放养禽畜有伤害的杂草，来减少不必要的损伤和食物中毒。

2. 放养程序

为了增加畜禽的附加值，很多林下养殖户需要进行放养，第一，要建立放养驯练场，将准备放养的禽畜集中到放养林地的一个场地进行训练，白天放养，晚上找回，这样，反复训练7~14天，再进行定时放养。第二，要具体落实放养驯养员，要求驯养员要有耐心和爱心，不允许粗暴鞭打和虐待动物。第三，要建立固定的投喂地点、时间和口令，要在放养区挑选适宜的地点、适当放置料槽、水槽，选择固定时间，统一口令信息，使放养禽畜形成条件反射，适应放养状态。

3. 放养时间

放养的最佳时间可以选择4月初至10月底，在这期间林地杂草丛生、虫、蚁等昆虫繁衍旺盛，禽畜可以采食到充足的饲料。其他月份则要采取舍饲为主、放牧为辅的饲养方式。放牧时间要视季节、气候、天气而定，通常夏天上午9时至下午5时前为放牧时间；冬天上午10时至下午4时为适度放牧时间。在放养期间，要注意每天观看天气预报，密切注意天气变化。遇到天气突变应该及时将禽畜赶回圈舍，防止其受寒发病。

4. 禽畜防疫

畜禽防疫是重要的养殖环节，且在林下养殖环境是开放性的，非常容易受病疫、野禽等侵害。因此，在养殖过程中要注意观察，每天均需要详细记录禽畜群的采食、饮水、精神、粪便、睡态等状况，如果发现染病禽畜，要及时进行隔离并治疗，对受威胁的禽畜群进行预防性投服药物。其次要科学防疫，防疫要根据饲养禽畜品种的不同，分生长阶段及时注射疫苗，针对禽流感、口蹄疫等畜禽病害必须严格做好防疫工作。另外，一定要注意养殖区域，特别是圈舍的清洁，至少每周清扫一次，转换轮牧区时，必须彻底清除上一牧区的粪便，并及时进行消毒。

5. 养殖密度

养殖中一定要注意养殖密度，不能超过环境承载能力，不然容易造成环境压力，也难以获得产量。比如林禽模式就适合在4m×7m株行间距的林地，实行放牧和舍饲饲养相结合，每年可以出栏两茬，当然也可采取围网放养、圈养或者棚养鸡、鸭、鹅等。林下养鸡密度不宜过大，一般以每公顷1500~2500只，每群300~500只为宜。发展林下养殖一般树龄要在4年以上，以免影响幼林生长。

(二)林下养殖主要案例

1. 林下养鹅模式

林下养鹅是一种生态养鹅方法,可以充分利用林间空地和林荫,让鹅在丛林中自由采食,接近于传统生态养殖模式。传统模式下的农村养鹅是利用房前屋后的空地进行的小规模、粗放原始的养殖,这种放养的鹅肉质鲜美,深受广大消费者的青睐。为了满足市场需求,优化鹅养殖方式,开展林下生态养鹅是一种很好的方法。鹅作为草食性家禽,喜欢食青草、耐粗饲且抗逆性强,林地内的野草、野果、植物种子及昆虫,为林下生态养鹅提供了丰富的活动空间和食物,这种养殖方式使鹅肉的风味独特、鲜嫩而且营养丰富,具有非常大的市场竞争力和吸引力。鹅粪可以为林地提供极为丰富的氮、磷、钾等元素,增加土壤肥力,促进了草地和树木的生长发育,进而形成"鹅吃林中草,草壮林下鹅,鹅肥林中土,土壮林中树"的生态循环模式。此外,鹅在林中采食杂草,还可以节省很大一部分人工除草费用,充当"杂草收割机"。因此,林下养鹅是一种能兼顾生态、经济和社会效益的优良模式。为了达到保持水土,避免土壤板结的目的,同时给鹅提供优质的草类资源,降低饲料成本,还可以选择在薄壳山核桃林下种植牧草,但应当注意播种牧草时将一年生和多年生、暖季型和冷季型的牧草搭配使用,于9月下旬至10月中下旬播种次年3月就可以供应牧草。次年5月前牧草利用结束,但多年生牧草供草期比较长,多年生草搭配一年生牧草可以为鹅提供充足的饲草保障。江苏省兴化市沈土仓镇沈顾农地果蔬股份专业合作社在薄壳山核桃种植基地进行林下养鹅,表明发展薄壳山核桃林下养鹅不仅提高林上林下经济效益,充分利用土地资源,还能提供鹅蛋、鹅肉、鹅肝等绿色健康食品。按鹅每公斤35元计算,100亩基地每年可获得收入280万元,实现了在薄壳山核桃挂果之前,也能获得稳定的收入,从而真正走出了一条"林牧结合、长短互补"的生态循环农业发展之路。在养殖中需要注意的是,虽然林下养鹅提高了鹅类对疾病的抵抗能力,但是开放的环境也增加了鹅感染传染病、寄生虫病及农药中毒的可能。减少疾病发生的重点是做好预防措施,传染病预防的重点是切断传播途径。养殖区域严格禁止无关人员出入,避免把疫病带入鹅的生活地区,每日密切观察鹅群的情况,有病鹅时,应及时查明原因并进行防治。在寄生虫流行的季节可在饲料中适量加入抗病药物,做到防患于未然,将疾病扼杀于萌芽中,降低林下养殖的风险。

2. 林畜模式

林畜模式是林草模式的延伸,也可以称之为林—草—畜模式,即利用林下种植的牧草发展养殖业。因此可以在薄壳山核桃林地周围设围栏,圈养或散养家畜，帮助林地节约养护费用，所产生的粪便还可以作为有机肥使用，促进林木生长，形成一条循环经济生物产业链。另外，林下养猪周围植被丰富，水源充足，这样可以为猪提供新鲜的青绿饲料，还可以美化养殖场环境。以湖南省林下养殖黑猪为例，黑猪要采用生态林下散养，喂生态发酵饲料，比如木薯渣、米皮糠、红薯藤等按比例进行发酵，辅以白菜、黑麦草、新鲜采摘的红薯藤进行喂养，保证10个月以上才出栏，养殖及加工过程通过有机产品认证，这样的黑猪肉质良好、市场价格高。进行林下养殖首先要进行猪场建设，猪场地势要求干燥、平坦、背风向阳，通风和光照条件良好，距离交通干线1公里以上。另外，林下养殖猪的品种要同圈养品种有区别，尽量选择如清平猪、荣昌猪等优良地方品种，开展特色养殖。在林下放养猪场内，要建立定点、定时、定口令的制度，使猪形成条件反射，只要听到口令（吹哨子或敲铜锣），猪就会自动向圈内跑来进食、饮水。白天赶入林区放养，黑夜唤回圈内睡觉，这样连续进行15天，即可使猪形成自然习惯。为了减少林下养猪发病概率，按100头/亩的标准进行配置，确保猪活动空间大、长势快、少生病、成本低、利润高。在林区放养过程中，每隔10天要对猪圈或林区活动场所消毒1次；在免疫接种前，要对疫苗用具消毒1次；在免疫接种后，要对剩余废弃疫苗和使用过的疫苗瓶子等进行深埋处理；始终保持猪体和环境清洁卫生，防止各种疾病发生。

3. 林下养鸡模式

鸡肉中含有大量丰富的蛋白质、氨基酸和矿物质元素，是目前人类摄入肉类食品中的主要种类之一。养鸡在我国已经有上千年的历史，以前基本为散养模式，但随着工业化养殖技术的发展，当前笼养鸡成为主流，产能也已基本满足国内鸡肉和鸡蛋消费的需求。但是，随着人们生活水平提高和多样化的需求，老百姓不仅要吃得饱，还要吃得好，散养鸡因其肉质紧实鲜嫩，营养丰富，口感好等原因，越来越受到人们的青睐，市场价格也较高。进行适度规模的林下养鸡，可以有效解决林下土地资源的浪费，也能为林地去除杂草，鸡的粪便还能提供有机肥，促进林下种草和林木的生长发育。同时散养的鸡能更好地利用杂草和昆虫，不仅可降低养殖成本，还可以提高鸡肉的品质，这些土鸡具有皮薄、肉质结实、嫩滑、味美的优点，接近农户放养的土鸡。市场价格一般比笼养鸡高40%～50%。在适宜地区发展林下养鸡和相关配套产业，可促进地区生态养殖业的发展，提升地区畜禽产品的竞争力，对推动地区产业结构的调整，增加养殖户的经济效益具有十分重要的意义。当前，很多地方都开展了林下养鸡的模式，比如有的地方因为林下饲养的土鸡全天在宽阔林下行走，被称为"走地鸡"，湖南常宁在油茶林下进行散养湘黄鸡，当地人称作"茶山飞鸡"，这些品牌正在逐步壮大，效益得到极大提升。

四、森林旅游

薄壳山核桃最早是作为风景林引进的,其树干端直,树体强健美观,树冠近广卵形,根系发达,耐水湿,每当乍暖还寒时,薄壳山核桃开始抽芽,倾吐芬芳,枝叶繁茂,到花期时节,许多小花集合成一串摇摇欲坠的花序,随风摇曳,更添景致,因此常被作为庭荫树、行道树、景观树(图6-6),广泛种植于河流沿岸、江中小岛、堂前屋后等地,是良好的景区造景树种。近年来,我国乡村旅游、休闲农业蓬勃发展,成功推动了各地薄壳山核桃产业作为休闲农业园的主要支撑产业,将薄壳山核桃生产、科普科教和旅游服务业相结合,使薄壳山核桃生产的过程具备了观光、采摘、休闲等功能,游客通过亲自参与并体验农作,了解薄壳山核桃生态习性、生物学特性、加工利用等自然知识,了解农民生活,享受乡土情趣,同时在一定程度上可以满足游客住宿、度假、游乐等功能,实现了薄壳山核桃产、销、服务三位一体的格局,促进薄壳山核桃农业生产向第三产业的跨越。因此,随着当前社会经济的发展,薄壳山核桃生产与经济、社会、生活联系得更为紧密,对人们生产生活的影响逐渐增大,可以按照相关标准规划原则,在充分利用自然生态资源及消费者需求的基础上,积极创办薄壳山核桃休闲农业园。在生产中,可以与上文的林下种植、林下养殖进行结合,将种植、养殖、旅游服务、科普教育、乡村文化等产业进行融合发展,开展薄壳山核桃林下观光、采摘、娱乐、餐饮等度假休闲、林中体验为主要内容的森林生态旅游。

图6-6 某幼儿园内的薄壳山核桃大树

(一)森林旅游开发的原则

乡村旅游需要充分开发利用农业资源,以薄壳山核桃生产为主业,以相关知识科普、农事活动为主题,结合当地的风土民情,借助艺术设计理念及现代科技手段生动形象地表达薄壳山核桃生产过程、加工利用、食品加工、相关文化等,调动游客的广泛参与积极性,让游客领略到现代农业成就以及生态农业的自然情趣。

1. 生产与旅游服务相结合

"农业+旅游"这两种属性相辅相成、不可分离。第一,薄壳山核桃生产需打破原有的传统生产模式,不单纯是薄壳山核桃果品的生产,而是以薄壳山核桃独特的栽培过程、加工工艺作为旅游开展的基础,充分利用景观特色,把色彩单调的薄壳山核桃树与其他植物进行合理配置(图6-7),进行林下种植菌类、中草药以及常绿灌木等,打造出层次分明,内容丰富的怡人景观,使游客得到美的体验。在规划布局上应做到符合游客的游憩习惯,景观设计上赋予游赏功能,产品开发中具有文化传递、科普教育等功能,配套设施建设中满足短暂停留或休闲度假等需求。第二,旅游服务依赖于薄壳山核桃生产,并成为其销售的渠道,即"游人传信息,信息连市场",在薄壳山核桃文化宣传、品牌营销上有着积极作用。打造的薄壳山核桃休闲农业园既具有生产特征,又具有休闲特点,游客不仅可以亲身劳作,又能享受服务。此外,薄壳山核桃生产与休闲旅游服务业的结合不仅体现在园区自身建设结构中,还要体现在园区经营管理者的理念中,必须提高园区工作人员对旅游农业的认识度,增加相关人员的服务意识。

图6-7 薄壳山核桃林景观

2. 观赏与体验相结合

打造薄壳山核桃休闲农业园要尽量规避冬季落叶、种植模式单调等缺点,除了考虑自然和人文景观的静态效果,还必须突出其季相特征,充分利用薄壳山核桃的季节周期性和生产活动规律,着重选择种植一些珍稀优良品种,增加其观赏性,同时养殖一些小动物等,增加互动性;除了简单的采摘品尝,还要挖掘简要加工、食品制作等方面的活动,下大力气创造条件让游客参与农事活动,深入感受薄壳山核桃生产、加工等方面特点和优势,从而达到放松身心和知识传播的目的。

3. 文化主题与艺术相结合

薄壳山核桃文化是休闲生态园的灵魂核心，可通过景观、建筑和游乐体验等要素将其丰富的文化进行艺术化展现，对品种介绍、栽培技术、加工工艺以及产业发展等进行介绍，进而使薄壳山核桃的食用价值、保健价值、旅游价值等得到充分释放。在园区规划中，首先，应该配合薄壳山核桃的成熟期和地势上的高低错落，形成时间和空间上有序交错的布局，并借园林艺术手法充分发挥配景作用；其次，设施建筑应注重造型、色彩和材质的选取和设计，通过趣味装饰性小品等体现薄壳山核桃的意象和薄壳山核桃产区的文化气息；最后，园区开展系列薄壳山核桃的文创活动，兼顾不同层次的游憩内容，丰富路线设计，寓教于乐，让游客们深刻感受丰富的薄壳山核桃文化内涵。

4. 绿色环保与经济效益相结合

薄壳山核桃园首先要把薄壳山核桃生产作为主业，在此基础上追求休闲旅游效益的回报，还要注重其环保理念和资源循环利用，建立起良性的循环生态系统，保持其生态平衡，实现经济效益和生态效益的共赢。和一般的娱乐主题公园不同，薄壳山核桃农业园营造的是薄壳山核桃景观和相关的农事活动，并结合低碳、节能、绿色等概念，如利用沼气等新型洁净能源，利用微生物进行废弃物处理，采用无公害农产品生产工艺，以此作为独特的吸引力来获得持续长久的客源，延长游客的停留时间，以此促进餐饮、体验等多方面的消费，从而提高园区经济回报能力，促使园区可持续稳步发展。

(二)森林旅游开发建议

1. 彰显薄壳山核桃文化，打造薄壳山核桃文化主题园

在传统意义上的薄壳山核桃园里，往往只是大片的薄壳山核桃树种植，在环境营造上比较单调，主题性并不足，更缺少薄壳山核桃核心元素的艺术设计。薄壳山核桃文化内涵丰富，具有食用、观赏、材用和文学艺术等旅游开发价值，基于此，薄壳山核桃园应该牢牢抓住薄壳山核桃的造景和观赏价值，将建筑设施和薄壳山核桃的种植、加工等环节相互融合、统一协调，结合具有意象性的建筑小品、游步道，使整个薄壳山核桃园环境彰显"薄壳山核桃"的主题特点，继而达到感官上的审美感受。此外，应充分发挥薄壳山核桃的饮食文化、木材文化及其景观价值，深度开发薄壳山核桃宴、木材加工产品和旅游纪念类产品等(图6-8)。在以薄壳山核桃文化为主题的餐厅里，依据薄壳山核桃不同吃法，可以加工制作面包、核桃粥、核桃零食，并让游客来参与，也可以设计出适合不同人群的薄壳山核桃宴，给游客不同的体验。还可以布置以薄壳山核桃为原料的工艺品进行销售，要注重特色包装和专利。

2. 深度开发相关产品，延伸薄壳山核桃产业链

当前，我国休闲农业面临的一个重要问题就是开发模式单一，多为简单的采摘体验，产品缺乏多样性和统一标准。要积极挖掘薄壳山核桃产业链上各种产品，满足游客食、住、行、游、购、娱等需求，首先可以设计基本的旅游产品，就是薄壳山核桃相关的食品、木材产品，进而可以建设薄壳山核桃主题餐厅，充分利用薄壳山核桃的营养价值，制作多种多样的食谱，满足不同群体对薄壳山核桃的需求，适当进行包装储存，成为游客购买的商品，突破原有的"农家乐"形式。其次要开发符合审美、娱乐、教育等其他方面的旅游产品，让游客在旅途中得到精神、感官的享受。从而达到延伸薄壳山核桃产业链，提高薄壳山核桃产业附加值的目的。

3. 融入特色民俗文化，丰富薄壳山核桃文化内涵

当前，大多数薄壳山核桃休闲农业园多位于农村地区，区域内民俗资源丰富，极具地方特色，在园区建设和运行中应融入乡土风情，开展农村戏曲表演等民俗活动，将原汁原味的乡土文化展现给广大游客，可以尝试开展薄壳山核桃文化节等，并赋予文化节特色标识，通过开展赋诗、摄影、绘画等比赛，使薄壳山核桃的文学艺术价值得到最大程度的发挥，极大提高游客参与性，让游客体验深层次的薄壳山核桃文化内涵，达到内心审美愉悦和精神升华的回归，实现薄壳山核桃文化节庆的旅游功能，提高节庆活动内容质量。现在，大多数林业相关节庆活动大多为政府主导，比如梨花节等，也可以交给市场和相关企业进行商业运作，通过企业赞助、指定纪念品开发销售等方式来筹集资金。节庆举办之前，通过电视、网络等各种媒体，对外发布薄壳山核桃文化节庆行程单等相关信息，提前进行造势；节庆举办期间深入进行跟踪报道，通过开辟旅游公交车专列、在媒体上投放广告等形式进行多渠道营销，扩大薄壳山核桃文化节辐射范围，进一步提升旅游竞争力和区域影响力。

薄壳山核桃种植后，进入丰产期至少需要几年的时间。因此，在进入丰产期前几年林分即处于纯投入期，没有收益，为缓解资金的紧张，需从其他途径获得经济收入，发展薄壳山核桃林下经济在一定程度上解决了这一问题，不仅缩短了林业投资回报周期，林下养殖、林下种植等方式还可以增加林间土壤的肥力水平，起到优势互补的功效。利用森林中丰富的空间资源发展林下养殖或者林下种植等还可提高林业产值，实现森林价值由林业资源转向林地资源，进而协调林业发展。从长远发展考虑，要实现薄壳山核桃产业的可持续发展，必须转变传统的林木资源依赖型的模式，将林区的所有资源进行统一经营开发，结合每个林区的实际积极探索适宜的林业经济新的增长点，积极发展立体经营等林下经济模式。当然，随着科学技术的不断发展，薄壳山核桃林下经济的经营水平也需要提高，

图6-8 国外某薄壳山核桃庄园展示厅

在管理领域上越来越凸显出经营管理人员的重要性,需要储备更多专业的人力资源,并不断地对其进行培训,使经营人员不仅掌握栽培相关知识,还具有管理、营销等方面的能力,专业素养不断提高,实现理论知识向实践的转化,不断创新发展模式,提高薄壳山核桃林下经济效益。

参考文献

[1] 卢琦,慈龙骏. 农用林业研究的回顾与展望[J]. 世界林业研究,1996,9(2):39-49.

[2] 周旭琦. 绩溪县荆州乡典型山核桃林下资源利用探析[D]. 合肥:安徽农业大学,2016.

[3] 何忠国,毕宁,周丰,等. 毕节市5种核桃林下经济模式综合效益研究[J]. 现代农业科技,2016(22):131-135.

[4] 林品凯. 马铃薯种植密度及施肥量优化组合探讨[J]. 农业与技术,2014,34(1):114-115.

[5] 贾晓东,宣继萍,张计育,等. 优质薄壳山核桃果实采收加工方法[J]. 北方园艺,2014,4(22):127-128.

[6] 任建武,程理,孔俊杰. 盖州林下药材间作探讨[J]. 中国林副特产,2016(6):51-52,54.

[7] 李志明. 油用牡丹高产栽培关键技术[J]. 安徽农学通报,2017,23(1):28,86.

[8] 尚红侠,薄壳山核桃栽培技术初探[J]. 农村经济与科技,2017,28(22):44.

[9] 李永荣, 张计育, 桑晓峰, 等. 薄壳山核桃与油用牡丹木本"双油"套作栽培模式与前景[J]. 现代农业科技, 2015(21): 172-172.

[10] 张涛, 高天妹, 白瑞英, 等. 油用牡丹利用与研究进展[J]. 重庆师范大学学报(自然科学版), 2015, 32(2): 143-149.

[11] 李荣和, 于景华. 林下经济种植新模式第三章[M]. 北京: 科学技术出版社, 2010.

[12] 陆丽华, 张欣, 梁宗锁, 等. 黄精生殖生物学特性研究[J]. 安徽农业科学, 2010, 38(25): 13687.

[13] 侯远蕊, 蒋炎, 庞世龙, 等. 桉树人工林下鸡骨草种植技术及效益分析[J]. 广西林业科学, 2011, 12(4): 330.

[14] 袁名安, 孔向军, 陈玉华, 等. 不同种植密度甜玉米与黄精套种栽培研究[J]. 园艺与种苗, 2012(12): 3-5.

[15] 章文前. 不同郁闭度和坡位对毛竹林下套种多花黄精的影响[J]. 安徽农业科学, 2012, 40(26): 12959-12960.

[16] 王雅娟, 高媚, 何浙华, 等. 山核桃林下套种多花黄精试验初报[J]. 浙江农业科学, 2019, 60(7): 1195-1197.

[17] 王年金, 方建华, 向新年. 山核桃复合经营模式及栽培技术[J]. 现代农业科技, 2011(18): 18-20.

[18] 黄银昌. 山核桃复合经营模式[J]. 现代农业科技, 2012(12): 38-40.

[19] 张鸿宇. 山核桃林下间作桔梗产业模式发展前景[J]. 防护林科技, 2018(3): 64, 75.

[20] 朱泓, 黄正金, 董珊珊, 等. 溧水区薄壳山核桃林地间作黑莓可行性分析[J]. 基层农技推广, 2017(8): 38-40.

[21] 朱泓, 黄正金, 董珊珊, 等. 薄壳山核桃林地间作蓝莓可行性初步分析[J]. 基层农技推广, 2017(11): 52-54.

[22] 谢峻, 谈锋, 冯巍, 等. 石蒜属植物分类鉴别、药用成分及生物技术应用研究进展[J]. 中草药, 2007(12): 1902-1905.

[23] 莫正海, 张计育, 翟敏, 等. 薄壳山核桃在南京的开花物候期观察和比较[J]. 植物资源与环境学报, 2013(1): 57-62.

[24] 陶德臣. 江苏茶业发展述论[J]. 农业考古, 2013(2): 259-266.

[25] 杨冰. 江苏茶业发展现状及其对策研究[D]. 南京: 南京农业大学, 2007.

[26] 黎谋, 陈书云, 王明乐, 等. 基于茶叶生产统计数据对江苏省茶产业的分析[J]. 茶业通报, 2014, 36(4): 156-158.

[27] 刘金龙, 郑文彪, 吴恒祝, 等. 茶园—薄壳山核桃复合经营模式试验初报

[J]. 南方林业科学, 2015, 43(5): 25-28.
[28] 明平生. 茶林间作对茶园生态的影响[J]. 茶叶通讯, 2003(4): 26-29.
[29] 汪海福. 柴胡栽培种植技术要点分析[J]. 农家参谋, 2017(13): 67.
[30] 元赛杰. 核桃柴胡间作技术[J]. 河北果树, 2020, 164(4): 49-50.
[31] 殷剑美, 张培通, 韩晓勇, 等. 优质块状紫山药新品种苏蓣1号的选育[J]. 中国蔬菜, 2017(2): 76-78.
[32] 杨汉平, 陶裕欧, 顾瑜, 等. 地膜紫山药优质高产高效栽培技术探讨[J]. 上海农业科技, 2012(3): 89-125.
[33] 冯新生, 王莹. 核桃林林下经济模式及配套技术探究[J]. 农民致富之友, 2015(10): 122-122, 240.
[34] 游申权. 核桃栽培与林下经济发展[J]. 现代园艺, 2014(22): 40-41.
[35] 刘洋. 播州区核桃林下种草养鸡养殖模式的探索[D]. 贵阳: 贵州大学, 2018.
[36] 张俊芳, 史永青. 核桃林下经济模式初探[J]. 农业技术与装备, 2016(7): 64-65, 68.
[37] 孙宜莉. 核桃文化及其休闲农业开发研究[D]. 南京: 南京农业大学, 2012.
[38] 朱子桐. 安徽全椒: 为什么能打造薄壳山核桃之都？[J]. 中国林业产业, 2020, 194(4): 24-26.
[39] 耿国民, 周久亚. 美国薄壳山核桃生产概况[J]. 河北农业科学, 2009, 13(7): 16-19.

第七章 薄壳山核桃加工和利用途径

干果的果实品质,不仅受果实的感官指标影响,如大小、外观、质地、风味等,还取决于其营养成分含量,比如可溶性固形物、总糖、可溶性蛋白质、粗脂肪等成分的含量等,而以上这些因素又受品种、栽培区域环境、采收时间以及加工方式等的影响。薄壳山核桃与普通核桃以及其他山核桃相比,具有个大(80~100粒/kg)、壳薄、出仁率高、取仁易、产量高、品质佳等特点。薄壳山核桃的果仁色美味香,无涩味,营养成分丰富,约含油脂70%、蛋白质11%、碳水化合物13%,含有对人体有益的各种氨基酸,且含量高于油橄榄,还富含维生素B_1、维生素B_2。每千克果仁约有32kJ热量,是一种理想的保健食品。薄壳山核桃种仁含油率为51%~69%,除直接食用外还可榨取高级食用油,其油脂组成以油酸、亚油酸等不饱和脂肪酸为主,不饱和脂肪酸总量在90%以上,是优质的食用油。薄壳山核桃果仁还是制作糕点、冰激凌、糖果等食品的理想添加材料。同时,薄壳山核桃还是优良的材用树种,是高级家具、体育器材以及某些工艺品的木质原料。此外,薄壳山核桃树体高大挺拔,树形优美,是乡村庭院绿化、行道树、风景林等的可选树种之一。因此,薄壳的核桃利用途径多种多样。

一、薄壳山核桃采收和初加工

(一)采收

1. 采收时间

薄壳山核桃坚果的成熟时间受多种因素影响,如品种、栽培区域、地理条件、气候等。一般来说,成熟期多在9月下旬至10月下旬,果实外部总苞颜色由绿或蓝绿色转变为黄褐色即为成熟。果实成熟时总苞自行开裂,坚果自然脱落,而内部种仁饱满,幼胚成熟,子叶变硬,带有浓香风味即可采收。薄壳山核桃适时采收非常重要,时间不宜过早,否则易出现青皮不易剥离、种仁不饱满、出仁率和出油率低,且不耐贮藏等现象;而采收过晚,果实易脱落,青皮开裂后停留在树上的时间过长,会增加受霉菌感染的机会,影响坚果的品质。研究表明使用乙烯利处理后能促进果实成熟度的一致性,提早采收时间,一般情况下可以提早外果皮开裂以及采收上市时间2周左右,统一的成熟时间可实现一次采收,节省人工及设备成本,并且果实品质整齐、容易进行后续处理。因此,通过人工催熟可以显著减少产量损失,并能提高果实品质与薄壳山核桃的整体效益。

2. 采收方法

薄壳山核桃树体高大，在以前均是采用传统方式进行薄壳山核桃采收，用长杆将坚果从树上敲下来或摇动树枝使坚果掉落。在大多数情况下，外壳会从薄壳山核桃上掉下来，有极少部分会留在树上。薄壳山核桃收获后，需先进行干燥。在阴凉、空气流通的区域中，在塑料布上摊成薄薄的一层，慢慢地将它们阴干。同时，经常性地翻动坚果以加快干燥过程，并注意空气随时流通。整个干燥过程需要2~10天。当前，美国、南非等国家由于地理条件优越，机械化作业程度高，对薄壳山核桃的采收以及后续加工已完全实现了机械化。例如新墨西哥州南部和得克萨斯州埃尔帕索地区约90%的薄壳山核桃是由机械收获机进行收获的，这些收割机的效率与被收割园地的地势状况有着紧密联系。在不同季节期间使用工具将薄壳山核桃园地进行整地、清理，并填补园内因喷洒或其他操作导致的孔洞以保持地面平坦，在收获的季节可方便机械入园地进行采收工作。

在我国，因薄壳山核桃的栽培区多为山地或者丘陵区域，机械采收具有一定难度。由于人工采收成本高，各地都在探讨合适的采收方式。例如某些地区薄壳山核桃采用张网的方式采收，用竹竿直接轻轻敲打薄壳山核桃使其掉落在网中，或者等待薄壳山核桃成熟后自然落果到网中，这样可以在一定程度上减少对树木的损坏，还可以保护树下的草地，节约一定的人工成本。在地势平坦的果园中有采用机械振动法的方式，即在采收前10~20天，在树上喷洒500~2000ppm的乙烯利催熟，然后用常规的机械振动树干，使种子落到地面或者网中，然后进行收集并运回进行后续处理。

(二)脱蒲

采收后的薄壳山核桃，还带着青色的外皮，需要经过层层的筛选和制作工序。首先要脱蒲（即脱去青色外皮），而后将薄壳山核桃置于露天晒场连续阴干。随后，采用净水杀菌消毒，淘汰浮于水面的残果、小果，仅留沉于底部的大果，随后捞起进行二次阴干。因此，采收后首要任务是脱青皮，其方法有以下几种：

1. 堆沤法

堆沤脱皮法是国内传统的核桃脱青皮方法。其技术要点是：薄壳山核桃采收后及时运到室内，然后按一定厘米厚度（一般为50厘米）堆成堆，上面覆盖干树叶、稻草或糠壳（两者比例一般为5∶1）。3~5天大部分薄壳山核桃青皮会半裂开（轻敲打即可完全脱皮）或完全裂开；对青皮仍未裂开的，则需要继续堆沤，直至青皮裂开。堆沤过程中要防止青皮腐烂。

2. 药剂法

果实采收后，将薄壳山核桃果实利用一定浓度的乙烯利溶液浸泡数十秒，再按一定厚度堆沤在阴凉干燥的室内，室内温度控制在30℃左右，约5天时间脱青皮率高达90%及以上，而且核桃青皮采用此法脱得干净，外壳美观，核仁黄亮。

3. 机械法

目前，因核桃产业逐步壮大，相关设备研发也如火如荼，各种型号的脱皮、脱壳机械不断地出现，这些机械去皮效率高，对产品的成熟度要求不高。通过成套设备处理，薄壳山核桃不仅可以实现脱皮，还可以脱壳加工成为即食坚果，又可加工干制坚果。当然，更多的加工设备也在不断输出，不久将可以实现脱皮、脱壳、精选、加工、包装等一条线完成(图7-1)。

图7-1 分选后的薄壳山核桃

(三)干燥

1. 晾晒法

相比国外采用机械风干的方法对薄壳山核桃进行脱水干燥，而在我国多采用晾晒法干燥。目前，清洗后的坚果，不能立即曝晒于阳光下，否则易导致种壳翘裂及种仁产生质变的现象；应先摊开在竹箔或其他材料上晾晒，晾晒时坚果厚度不宜过厚，一般不得超过两个果的厚度，在此过程中应经常翻动，以达到干燥均匀、色泽一致，一般经5~7天即可晾干。晾晒期间应避免受潮、雨淋。

2. 烘干法(人工干制法)

对于多雨潮湿地区，可以修建干燥室，将薄壳山核桃摊在干燥室架子上，室内放置火炉，炉火不宜烧得过旺，注意室内通风换气，室内温度控制在40℃以下。此外，可以采用干燥设备进行烘干，国内人工的干燥设备一般可分为3类：热辐射加热式干燥设备、热空气对流式干燥设备和电磁感应加热式干燥设备。此外，还有连续式通道烘干室、间歇式烘干室等。电磁感应式干燥目前尚未被广泛应用。生产上使用较多的是烘灶和烘房。

3. 热风干燥法

使用鼓风机将干热风送入堆放薄壳山核桃的干燥箱内，控制好温度，温度过高会使核仁内脂肪变质，短时间内不会发现异样，但贮藏超过几周后即腐蚀不可食用。干燥后的薄壳山核桃仁会很脆，易从外壳中分离出来。薄壳山核桃坚果干燥指标为：坚果相互碰撞时，声音脆响，砸开检查时，横膜极易折断，核仁酥脆。

(四)初加工

1. 炒制等初加工

薄壳山核桃的高不饱和脂肪酸含量决定了其不耐长时间常温储存，常温储存

6个月以上就会开始酸败,进口至国内的薄壳山核桃品质无法保证原味口感,而进行炒制等加工技术则弥补了其不足之处。

炒制等加工技术需采用净水杀菌消毒,淘汰浮于水面的残果、小果,仅留沉于底部的大果,热煮后二次晒干;用机器进一步筛选薄壳山核桃的果径,仅留优质大果进行炒制。除了传统的炒制加工技术,薄壳山核桃也可在炒制加工过程中加入不同香料、辅料等制作成不同风味的产品。炒制过程中可根据市场需求进行带壳或脱壳处理,具体流程如下:净水杀菌消毒—挑选—脱壳(可选)—清洗—热煮入味—烘干(晒干)脱水—炒制—包装。热煮、烘干、炒制条件都能影响薄壳山核桃的感官品质,需要严格把控好这些条件。

2. 脱壳

尽管薄壳山核桃素以"壳薄"著称,但在炒制前或者完成后也会专门进行脱壳处理。脱壳方式包括传统的手工脱壳以及机械脱壳两种。

二、薄壳山核桃的分级和贮藏

(一)分级

根据国家标准《薄壳山核桃坚果和果仁质量等级》(LY/T 2703—2016),薄壳山核桃坚果的基本要求为:充分成熟,壳面洁净,缝合线紧密,无露仁、虫蛀、出油、霉变、异味等;无杂质,未经有害化学漂白处理。将薄壳山核桃坚果分为以下四级,如表7-1所示;薄壳山核桃果仁质量等级如表7-2所示。

表7-1 薄壳山核桃坚果质量等级

等级指标	特级	Ⅰ级	Ⅱ级	Ⅲ级
产品外观	生产品种成熟坚果正常色,壳面洁净,无杂质	生产品种成熟坚果正常色,壳面洁净,无杂质	生产品种成熟坚果正常色,壳面洁净,少量杂质	生产品种成熟坚果正常色,壳面洁净,少量杂质
畸形果率(%)	≤1	≤3	≤5	≤7
异质果率(%)	≤2(无出油果)	≤5(无出油果)	≤8(出油果≤1)	≤10(出油果≤2)
平均单果重(g)	>8.0 其中7g以下果不超过总质量的5%	>8.0 其中7g以下果不超过总质量的10%	≤8.0 其中5g以下果不超过总质量的10%	≤6.0 其中5g以下果不超过总质量的10%
出仁率(%)	≥50	≥45	≥40	≥35

注:表中数值为等级划分各检测性状最低限值,若有一项性状检测值未达到限值要求即不归属该级,即降为下一个等级。

表 7-2　薄壳山核桃果仁质量等级

等级指标	特级	Ⅰ级	Ⅱ级	Ⅲ级
产品外观	无杂质；果仁外表为金黄色或黄褐色，色泽均匀一致；病斑果仁未见；果仁发育饱满		无杂质；果仁外表多为棕褐色或褐色，色差不明显；病斑果仁有见；不饱满果仁有见	
口感	无涩味或涩味淡		涩味较明显	
半仁率(%)	≥80	≥70	≥60	≥40
粗脂肪含量(%)	≥65		≥55	
蛋白质含量(%)	≥70		≥50	
含水量(%)	≤8.0		≤10.0	
酸价(以脂肪计 KOH)/(mg/g)	≤2.0			
过氧化值(以脂肪计)/(mmol/kg)	≤2.5			

注：若果仁质量检测不符合等级指标中任何一项，即降为下一个等级。

(二)包装

应采用专用纸箱、木箱或蛇皮袋等包装材料(图 7-2)，以坚固耐用、清洁卫生、干燥、无异味为原则，且符合环保标准的包装材料，每一个包装只能装同一个品种、同一等级的薄壳山核桃坚果和果仁，不得混淆。在销售过程中，还要注意包装对薄壳山核桃产品具有美化、提升的作用，因此，在包装时还要考虑其他因素，比如外观新颖、美观、吸引人，可以请专业的设计公司设计一些艺术性较强、大众认可的包装，同时要注意控制成本(图 7-3)。

(三)贮藏

良好的储存有助于保持薄壳山核桃的质量，而薄壳山核桃的储存性受诸多重要因素的影响，包括：①油。薄壳山核桃中不饱和脂肪酸含量高，在贮藏过程中需要避免不饱和脂肪酸由于自动氧化而引起酸败现象，减少游离脂肪酸的产生，才能保持住其较好的商品价值，实现对薄壳山核桃加工原料周年贮藏和供应的目的。②水分含量。与许多其他农产品一样，薄壳山核桃的收获含水量高于储存所需含水量。早期收获的薄壳山核桃可能含有 25%~30% 的水分。晚期收获的薄壳山核桃的含水量会有所下降。薄壳山核桃应储存在含水量约为 4% 的环境中，其水分需要在收获后尽快降低，以防止油的成型、变色和分解；降低薄壳山核桃仁的水分含量也是最大限度延长薄壳山核桃储存期的重要措施。③温度。较低的温度通常会利于坚果的储存寿命更长。带壳和不带壳的薄壳山核桃的储存温度和预计储存时间列于表7-3中。低温储存的最大好处是保留薄壳山核桃的新鲜风味,其次是色泽、香气和质地。

图7-2 包装

图7-3 内包装

表7-3 薄壳山核桃在不同温度下的相对储存寿命

温度(℃)	不带壳(月)	带壳(月)
21	4	3
8~10	9	6
0~2	18	12
-7~-4	20~40	18~24
-17	24~60	24~60

薄壳山核桃的贮藏方法因贮量和贮藏时间不同而异。目前,薄壳山核桃的贮藏有薄膜密封贮藏、冷藏贮藏、辐射处理、涂膜保鲜贮藏、热处理等方式。

1. 薄膜密封贮藏

将干燥后的核桃装入较薄的聚乙烯薄膜袋内,并在包装袋内充入90%浓度以上的氮气,扎紧袋口,贮藏于0℃。此方法既有效阻止了"回潮"现象的发生,又能最大限度地降低氧气与原料的接触,避免出现酸败现象,减少游离脂肪酸的产生。相关研究表明:采用充入95%的氮气的0.15mm的聚乙烯薄膜袋贮藏,试验1年后酸值增加仅为普通处理的20.5%,过氧化值增加仅为普通处理的27.4%,好果率保持在98%以上。

2. 冷藏贮藏

大规模生产薄壳山核桃时,为保证坚果的品质,收获后应及时进行贮藏保鲜处理,包括适度干燥去水分。常用冷藏的方法就是进行贮藏保鲜,同时,应注意控制通风和湿度的调控，以免出现霉变和油脂氧化。通常贮藏室温度的范围在0~1℃内，相对湿度为65%左右。贮藏薄壳山核桃的过程中，保持坚果品质的关键在于控制坚果内水分含量；坚果内水分过高，则易产生霉变，水分太低则易影响坚果的外观色泽、香味、风味等品质要素。常用的水分含量标准为3.5%~4.5%。若贮藏时间超过1年，则采用冷冻贮藏最为适宜。

3. 辐射处理

薄壳山核桃贮藏的过程中会遭遇虫害因素的影响。为了控制虫害这一影响因素，采用辐射处理可以很好地代替化学方法有效地控制虫害，低剂量的辐射可用于杀死滋生的昆虫，且不会引起坚果成分的改变，感官品质也无不良影响。有研究表明，采用辐射处理会降低薄壳山核桃中的单宁和酚醛含量，但不影响其抗氧化能力。

4. 涂膜保鲜贮藏

采用涂膜保鲜可以防止食品发生质变，延长贮藏期，保持其食品原本的色、香、味、形及其营养成分，使用淀粉、低聚糖防腐剂、抗氧化剂等材料作为涂料（采用可食用的涂料），用涂布方法在薄壳山核桃表面形成一层富有弹性的薄膜，可以隔离氧气和水分的交换，从而延缓薄壳山核桃的氧化酸败，延长其贮藏期，同时增加薄壳山核桃仁的光泽感，使其拥有良好的外观。

5. 热处理

热处理较冷藏处理所需成本更低，研究表明，所有热处理均能有效保持贮藏期间薄壳山核桃坚果的风味，高温处理破坏了薄壳山核桃内部的水分平衡，达到了贮藏前的干燥效果并随着贮藏过程而缓慢变化。Nelson等报道了蒸汽和介电加热处理对薄壳山核桃贮藏的风味影响，与空白处理的对照组相比，蒸汽和介电加热处理的薄壳山核桃仁的风味更佳，并且可以更好的延缓氧化酸败和过氧化值的升高。

三、薄壳山核桃仁的主要利用途径

（一）主要成分

薄壳山核桃主要利用部分是种仁，经昆明农产品质量监督检验检测中心分析测定，薄壳山核桃每100g种仁的营养成分如表7-4所示，可以看出粗脂肪是其主要成分，占到了76g，其次是蛋白质，说明薄壳山核桃是一种理想的保健食品和食用油加工原料。此外，在姚小华等编著的《中国薄壳山核桃》一书中，提到薄壳山核桃坚果果仁中的碳水化合物约占13%。相对于淀粉类坚果而言，作为油性坚果的薄壳山核桃的碳水化合物含量相对较低，国内外坚果的碳水化合物含量差异较大,这可能受品种、地理位置等因素的影响。

表7-4 薄壳山核桃每100g种仁的营养成分

营养成分							
粗脂肪		76g	蛋白质		9.7g	矿物质	
其中包括	棕榈酸	4.23g	其中包含	天门冬氨酸	0.62g	硫	88.4mg
	硬脂酸	1.85g		苏氨酸	0.24g	磷	255.9mg
	油酸	51.14g		丝氨酸	0.39g	钾	388.3mg
	亚油酸	17.52g		谷氨酸	0.3g	钙	45.8mg
	亚麻酸	0.83g		赖氨酸	0.24g	镁	103.0mg
	二十碳烯酸	0.27g		组氨酸	0.17g	铁	1.78mg
淀粉		1.9g		精氨酸	0.62g	锌	2.77mg
粗纤维		5.85g		脯氨酸	0.67g	铜	1.23mg
						锰	4.25mg

1. 油脂

薄壳山核桃种仁含油率高,不同品种、不同产地存在少许不同,最高含油率可达70%,主要是油酸、亚油酸等不饱和脂肪酸,因为具有很好的营养价值和药用价值,被应用于很多领域中。薄壳山核桃种仁油脂主要由棕榈酸(C16:0)、硬脂酸(C18:0)、油酸(C18:1)、亚油酸(C18:2)、亚麻酸(C18:3)、花生酸(C20:0)和顺-11-二十碳烯酸(C20:1)组成。而其中不饱和脂肪酸主要由单不饱和脂肪酸(油酸和顺-11-二十碳烯酸)与多不饱和脂肪酸(亚油酸和亚麻酸)组成,饱和脂肪酸主要由棕榈酸、硬脂酸和花生酸组成。薄壳山核桃的油脂组成因产地等因素的不同而有所区别。同时,亚油酸也是导致薄壳山核桃仁氧化和酸败的主要化学成分。亚油酸在不同品种的种仁中差异很大,在同一品种中也会逐年变化。

2. 蛋白质

薄壳山核桃仁中含有10%左右的蛋白质,不同品种其蛋白质含量也不一样,其中对人体有益的氨基酸成分则在所有品种中均含有。然而薄壳山核桃相比其他坚果而言,蛋白质含量较低,如榛子、杏仁、腰果和开心果。蛋白质除了提供营养外,还对整个功能性成分发挥着重要作用,蛋白质的溶解性就影响许多与水结合的功能属性,如黏度、乳化等。人体必需氨基酸约占氨基酸总量的34%,基本能够满足人体需要。Wood和Reily的研究表明,种仁中的蛋白质如白蛋白、球蛋白、谷蛋白等,其中主要包含中性氨基酸,个别含有较高含量的赖氨酸和含硫氨酸等碱性氨基酸。美国农业部研究表明,薄壳山核桃的氨基酸组成中,赖氨酸和苯丙氨酸为第一限制氨基酸和第二限制氨基酸。这些研究结果为薄壳山核桃蛋白质、氨基酸类产品的开发提供了一定的理论基础。

3. 维生素

薄壳山核桃是良好的天然维生素来源,其种仁含有维生素 B_1、维生素 B_2、维生素 A、维生素 E 等。维生素 E 是多种脂溶性抗氧化物质的统称,包括 4 种生育酚(α,β,γ 和 δ)和 4 种生育三烯酚(α,β,γ 和 δ)。其中,α-生育酚是自然界中最丰富的生育酚,根据相关实验表明,由于人体优先吸收和代谢 α-生育酚,所以 α-生育酚的生物利用度最大,也是被研究最多的,且具有最高的生物活性。薄壳山核桃油脂中维生素 E 的主要功能便是作为抗氧化剂抑制多不饱和脂肪酸的氧化,从而提高油脂的稳定性,达到抗酸败、耐保存的目的。

4. 活性成分

薄壳山核桃中含有植物甾醇、角鲨烯、活性抗氧化物如酚类等活性物质。研究认为这些活性物质作用于种仁的感观上,如颜色、涩味、酶抑制活性和抗氧化性等。薄壳山核桃中最主要的植物甾醇为 β-谷甾醇、燕麦甾醇、菜油甾醇、4-脱甲基甾醇这几种甾醇型;植物甾醇化学结构中 C3 位羟基是重要的活性基团,可与羧酸化合形成植物甾醇酯,甾烷醇和甾醇酯是植物甾醇的 2 类衍生物,它们具有比甾醇更好的脂溶性和生物活性。据 Ryan 报道称,在巴西栗、薄壳山核桃、松子、开心果和腰果这 5 种坚果仁中,薄壳山核桃的角鲨烯含量位居第二,约 151.7mg/100g。酚类物质是薄壳山核桃中另一类主要的活性物质,属于亲水性抗氧化物,其主要分为单酚和多元酚,自然界中多以多酚的形式存在,主要包括单宁、酚酸和黄酮类 3 种,这些物质均具有较高的抗氧化特性。此外,Prasad 等在 31 种薄壳山核桃种仁中测得缩合单宁含量为 0.70%~1.71%,薄壳山核桃种皮含有 25% 的缩合单宁,可用于商业化的单宁来源。

5. 矿物质

薄壳山核桃中不仅含有 Ca、Cu、Fe、K、Na、P 和 Zn 等人体必需的矿质元素,还包括 Cr、Mn、B、Ba、Co、Mo、Sr、Al 和 Mg 等微量元素,这些元素的含量受多种因素的影响,也影响着果实产量和品质。研究表明,果实产量同展叶后期 N 含量、盛花期、果实成熟期和树体恢复期 P 含量呈显著正相关;与幼果速长期、盛花期、成熟期 Ca 含量呈显著负相关;种仁粗蛋白含量与硬核期、幼果速长期 N 含量、盛花期 Zn 含量呈显著正相关,与幼果速长期 P 含量呈极显著负相关;展叶后期呈显著正相关;种仁粗脂肪含量与幼果速长期 N 含量、展叶后期 P 含量呈显著负相关;与果实成熟期 K 含量呈显著正相关;幼果速长期 P 含量与种仁蛋白质含量呈显著正相关;K 含量与种仁粗脂肪含量呈显著正相关。

6. 其他

除了上述物质外,薄壳山核桃中还含有较多的类胡萝卜素类物质,其主要包括胡萝卜素和叶黄素两种。类胡萝卜素是人类日常生活中不可或缺的一部分物质，研究表明，这些物质主要具有抗氧化的作用。同时，类胡萝卜素对于癌症、心血管疾病、中风、老化、白内障和黄斑变性等疾病具有一定的预防能力。研究数据显示，薄壳山核桃在花后大约20周的油脂中，类胡萝卜素的含量达到最大值，含量约为6.18mg/kg。

(二) 核桃油

1. 薄壳山核桃油制取工艺

对薄壳山核桃油提取方法有压榨法、超临界CO_2萃取法、水酶法、水代法、索氏抽提法、超声波提取法等不同方法，现在有研究采用超声波辅助方法提取薄壳山核桃油，例如超声波辅助酶法、超声波辅助溶剂浸出法等，这些提取工艺各有优缺点。随后采用吸附分离技术等对核桃油进行脱色、脱臭、净化，提高精炼效果；通过分子蒸馏、柱层析、超速离心等方法分离纯化亚油酸、亚麻酸、花生四烯酸等不饱和脂肪酸，生产高质量的核桃保健油。

(1) 压榨法

压榨法是提取油脂的传统工艺，具有工艺设备简单，生产安全，但存在效率相对低、出油率低、杂质多、色泽过深等缺点。目前生产核桃油最常用的方法为机械压榨法，使用的机械包括螺旋榨油机和液压榨油机。压榨类型包括冷榨和热榨。其中，热榨法出油率高且产品风味极佳，但存在品质较差、综合利用不足的问题。冷榨法可以较好地保护蛋白，也是现阶段我国使用最为广泛的加工方法，但存在产品缺乏香味、残油率较高的问题。螺旋压榨应用比较广泛，利用驱动减速机带动叶片轴旋转，螺旋升角产生向前螺旋压榨需要一系列的单元操作进行原料准备，包括清洁、去壳、蒸煮、调节水分含量（烘干或加湿）等。蒸煮和调节体积量是比较重要的步骤，压榨过程前或进行过程中对原料加热可以提高出油率，但同时也会增加氧化参数而不利于薄壳山核桃油的质量。

(2) 有机溶剂浸提法

有机溶剂提取具有出油率高，易实现大规模生产和生产自动化的优点，但在生产安全性和溶剂残留等方面存在风险。一般选择的有机试剂种类主要是：正己烷、丁烷、丙烷混合液。利用超声波辅助此法提取核桃油，能大幅缩短提取时间，减少溶剂的消耗和提高提取率。主要操作流程为：薄壳山核桃→破碎去壳→除隔膜及霉变核桃仁→粉碎成浆料→烘干→称样→加正己烷→超声波细胞破碎→离心→取上清液→回收正己烷→烘至恒重→薄壳山核桃油。

(3) 水酶法

水酶法是一种新型的提取油脂的方法，优点是处理条件温和，可以较好地保留油脂的营养成分,但存在酶的成本较高、反应时间过长的缺点。其提取流程包括原料预处理、酶的筛选、加酶酶解和油水分离等工序,即提取工艺流程为核桃仁→破碎→磨浆→酶解→灭酶→离心分离→核桃油。

①酶的筛选

采用此法提取薄壳山核桃油所采用的酶种类包括中性蛋白酶、果胶酶、纤维素酶、淀粉酶等,在姚小华等编著的《中国薄壳山核桃》一书中,提到选择中性蛋白酶的出油率要高于后三者。其原因可能是因为油料中存在脂蛋白和脂多糖,这些物质阻碍了出油率,而且这些复合物本身会对油分子具有包埋作用,利用中性蛋白酶能降解此类复合物为小分子,利于后续油脂的释放,从而提高了出油率。

②酶解温度

酶的活性受温度影响很大,出油率会随着温度的上升而迅速提高,当其达到最大值时的温度即为提取油脂的最适酶解温度,酶的作用增强;而当温度高于最适温度时,酶的活力下降,使核桃蛋白的溶解度变大,分子的立体结构伸展,其对油滴的吸附能力增强,故而出油率减少。

③酶解 pH

酶解体系 pH 与蛋白质溶解度有关,而蛋白质的溶解跟油脂释放有密切联系。随着 pH 值的增加,一方面核桃蛋白水解程度越大,包裹在核桃蛋白内或氢键与核桃蛋白相连的油脂释放得越多;另一方面,pH 值影响了核桃蛋白分子、油脂分子以及酶蛋白分子的性质,比如电离性、极性、表面性质等,使中性蛋白酶在新的水油混合体系中和底物的契合达到了新的平衡,促进了酶解的进行;但蛋白质溶解度较大时,会增加乳化程度,反而使提油率下降。

④酶的用量

蛋白酶的添加能有效提高出油率。它能降解大分子蛋白质的肽键,使包裹在蛋白质内部的油脂释放出来,当加酶量增加到一定范围时,提油率增加缓慢,继续增加酶量,对提油率影响不大。从经济角度考虑,应选择最合适的酶用量。

(4)超临界 CO_2 萃取法

超临界 CO_2 萃取法(supercritical fluid extraction,SFE)是在超临界萃取实验装置内,将 CO_2 压缩,达到超临界流体状态,从而获得特殊的溶解性和扩散性,然后对核桃中的油脂进行提取。在此过程中压力是影响提取率的显著性因素,超临界 CO_2 萃取法具有较好的传质性能,并可以较容易的通过压力、温度以及夹带剂来控制油的溶解度,而且二氧化碳具有无毒、无味、无腐蚀、无残留等优点。此萃取法出油率较高,油品质量好,功能性成分高,利用超临界 CO_2 流体萃取的核桃油，澄清透明，色泽淡黄，不残留溶剂，不需进一步精炼，是品质优良的核桃油产品。同时在油脂的稳定性方面也具有一定的优势，Crowe 的研究发现，超临界 CO_2 萃取油在无光条件下储存时，稳定性不如压榨油好，但是却有更好的光照稳定性。然而，当前超临界萃取法所需的设备非常昂贵，而且单次萃取量有限，生产成本高，仅限于工业化生产大型超临界设备生产厂家或者科研试验中使用此方法提取，该法在实际生产中的推广应用还存在一定的困难。

现在有很多研究人员在对该工艺进行进一步的研究，以期早日实现普遍应用。吴彩娥等的研究结果表明，超临界 CO_2 流体萃取核桃油的最佳工艺条件为粉碎度 30 目、萃取压强 30MPa、萃取温度 45℃、萃取时间 5h，此条件下核桃油的萃取率可达 93.98%。影响薄壳山核桃油的各因素分述如下：

①粉碎度

物料的粒度对萃取率具有双重影响。一方面，物料变细增加了传质面积，减少了传质距离与传质阻力，有利于萃取；另一方面物料变得太细，高压下易被压实，增加了传质阻力，而不利于萃取。由于核桃仁含油量高，粉碎过细易被压实而不利于萃取。

②萃取压强

超临界 CO_2 流体兼有气体的黏度、扩散系数和液体的密度，具有很好的传质特性，改变压强和温度可以对物质进行有效的萃取和分离。增加压强，不但会增加 CO_2 的密度，还会减少分子间的传质距离，增加溶剂与溶剂间的传质效率，有利于萃取。

③萃取温度

萃取温度是影响超临界 CO_2 密度的一个重要参数。升温一方面增加了物质的扩散系数而利于萃取，另一方面因降低了 CO_2 的密度，使物质溶解度降低却又不利于萃取，因此升温有可能造成核桃油萃取率的增加、不变或降低等多种情况出现，这决定于在温度与压强的协同作用下，升温所造成的 CO_2 密度降低与扩散系数增加的两种竞争效应相持的结果。

④萃取时间

超临界 CO_2 萃取过程可分为 3 个阶段：萃取初始阶段、转换阶段和萃取最后阶段。萃取的初始阶段因物质与 CO_2 接触时间少，单位时间内萃取的物质较少；随着萃取时间的延长，进入转换阶段，萃取量逐渐增加；萃取的最后阶段，因物料中被萃取的物质含量降低而又使单位时间内的萃取量减少。

(5) 水代法

水代法是利用油料中的非油成分对油和水亲和力的差异和水油密度的不同，用物理方法分离出油脂。不过普通水代法提取率低，通过加入酶，进行超声处理可提高出油率。水代法优点在于工艺条件温和,并在提取油的同时可得到不变性的蛋白质,不过这种方法提取率较低,而且需要破乳并且会产生很多废水。通过研究发现酶的用量是影响油提取率的显著因素,水解温度、水解时间和料液比等因素次之。随着酶工程的发展,酶的种类不断增多,价格降低,水代法也逐渐被广泛应用。

2. 精炼工艺

为提升薄壳山核桃油的品质需对其进行适度的精炼,精炼工艺包括:脱胶→脱酸→脱色→脱臭(一般采用真空干燥脱臭)→精炼薄壳山核桃油。在薄壳山核桃油存放和精炼等过程中,顺式脂肪酸会转变为反式脂肪酸(TFA),不仅影响油脂的营养价值,还会危害人体健康。而反式脂肪酸的主要来源于精炼过程,因此在此过程中降低油脂中反式脂肪酸的含量是有必要的。夏天文等人研究发现,脱臭温度、脱臭时间、脱臭结构等因素对反式脂肪酸含量影响较大。也有研究表明精炼后的薄壳山核桃油虽产生一定量的反式脂肪酸,但其含量仍在安全范围内。因此,选择合适的脱胶、脱酸以及脱臭方法,确定合理的精炼工艺,为工业生产较低反式脂肪酸含量的薄壳山核桃油提供基础。

(三)核桃蛋白

薄壳山核桃蛋白产品主要包括蛋白粉、浓缩蛋白和分离蛋白,它们的蛋白质量分数由高到低排序为:分离蛋白>浓缩蛋白>蛋白粉。薄壳山核桃蛋白产品是以核桃饼粕为原料,采用不同方法制备而成的,根据油脂含量程度对薄壳山核桃蛋白粉进行分类可分为全脂粉、半脱脂粉和脱脂粉三大类。核桃蛋白粉可以应用于饮料、糕点等食品地制作,或者搭配大豆、花生、牛奶等开发出复合核桃粉产品。

一般采用乙醇浸洗法、等电沉淀法等方法来完成浓缩蛋白的制备,其中乙醇溶液可以对有机物质进行溶解,并可以在生产过程中反复利用,这样可大大降低对环境污染的程度。但是,这种产品的溶解性很低,不利于在食品工业中的应用。

(四)核桃乳

薄壳山核桃乳味道香甜,含有大量的蛋白质、维生素 B 等成分,具有很好的商业价值和营养价值。相对于其他核桃乳,薄壳山核桃乳更易于人体吸收,可以增强体质,适用于各类人群。薄壳山核桃乳的制作工艺流程如下:筛选薄壳山核桃原料→清洗去皮→磨浆→再次细磨(去除其中气体和杂质)→装罐、密封→杀菌,最后形成成品。

四、综合利用

(一)青皮

薄壳山核桃青皮别称"青龙衣",是包裹在核桃的外部那一层厚厚的未成熟的青色果皮,味苦偏涩。随着薄壳山核桃的栽培面积逐步扩大,大量青皮被堆放田间,不但造成资源的极大浪费,还会造成生态环境的严重污染。如果对薄壳山核桃青皮加以综合利用,不但可以解决上述问题,还能增加一定的收入。现代研究表明,青皮中有机化合物成分的作用各有不同。经过溶剂浸泡、提炼所得混合物可直接用于治病,将"青龙衣"晒干可直接制作药物或者提取色素用于食品添加剂、农药等其他方面。

1. 医药方面的应用

薄壳山核桃青皮作为抗癌民间方药,历史久远。近年来,国内外对薄壳山核桃青皮药理成分的研究已取得了较好的进展。其有效活性物质主要为胡桃醌、核桃多糖和粗萘醌等。薄壳山核桃青皮中的胡桃醌及其衍生物在医学上用于治疗肝癌、自发性乳腺癌、食道癌和胃癌等,因为胡桃醌对许多革兰阳性菌和阴性菌均有抑制作用,进而从侧面证实胡桃醌对肿瘤细胞的生长是具有抑制作用的。目前,采用BSLB(brine shrimp lethelity bioassay)法对薄壳山核桃青皮提取的活性成分进行初步筛选,结果表明其醋酸乙酯提取物具有较明显的细胞毒性,可进一步研究制成新的抗肿瘤药物;还有研究发现,青果皮具有解毒、消热、抗菌、镇痛等作用;薄壳山核桃青皮醇提取物在体外能抑制大肠杆菌、金黄色葡萄球菌及枯草杆菌。青皮中的挥发油成分以倍半萜类为主,具有平喘、抑菌、抗肿瘤作用等。薄壳山核桃青皮提取液还可以治疗粉刺、炎症和脱发干枯。

2. 农业方面的应用

青衣是较好的有机质来源,可以用于有机肥料开发等。同时,早期就有人从青果皮中提取出胡桃醌,并认为胡桃醌是植物抵抗病虫害而存在的一种物质,而后国外提取出了胡桃醌结晶体,发现其具有生物毒性,其高浓度对某些植物具有抑制生长作用,低浓度则无不良反应,甚至有促进生长的作用。因此,青衣是开发多功能有机肥的理想材料。

3. 食品、染料方面的应用

有研究表明,晾干的核桃外果皮中棕褐色色素含量较高,且提取工艺简单,并证明该色素水溶性、耐热性、耐光性均较好,可用于软糖、果冻、蛋糕等食品着色。利用薄壳山核桃青皮中1-羟基-5,8萘醌的染色特性,可把薄壳山核桃青皮作为原料生产染料,专门用于羊毛和丝织物的漂染。此外,剩余残渣还含有蛋白质，可作饲料原料。

(二) 叶

据报道，薄壳山核桃的叶子可以起到清热降火的作用，有调理身体、预防中暑等功效。另外薄壳山核桃叶还具有调理喉咙的作用，对预防咽喉炎和支气管炎也有很好的效果。薄壳山核桃叶中同样也含有胡桃醌，是很好的农药，有杀菌、灭蚊等作用。据说，薄壳山核桃叶也可以制作成美味的菜肴。

(三) 饼粕

薄壳山核桃饼粕是薄壳山核桃加工榨油出来的副产物，其蛋白质含量高，氨基酸种类丰富。物理压榨后的饼粕中还存在一定量的残油，可以进一步提油。另外，薄壳山核桃饼粕还含有大量的蛋白质、脂肪和纤维素等，必需氨基酸的平衡性也较好，可用于加工为饲料和肥料等常规产品，开发出大豆饼、鱼粉等之外的饲料。同时，饼粕中富含多种营养成分，其中矿物质等含量也较高，可以进一步开发附属产品或精深加工产品，在减轻环境污染的同时，有效提高薄壳山核桃的附加值，延长产业链，进一步提高经济效益和社会效益，促进薄壳山核桃产业的健康发展。

(四) 果壳

薄壳山核桃果壳是薄壳山核桃取出核桃仁后的产物，质地坚硬，将其焚烧掉，造成资源的极大浪费。核桃壳有效地收集并利用起来可以变废为宝。例如制作活性炭、工艺品、色素的提取等。

1. 制作活性炭

目前，薄壳山核桃壳是很多木炭和活性炭的主要原料，Shawabkeh 等将薄壳山核桃外壳通过磷酸处理活化后得到活性炭，即薄壳山核桃壳可以制备成多孔活性炭材料，对一些有毒重金属物质具有较好的吸附作用。

2. 薄壳山核桃壳工艺品

薄壳山核桃果壳坚硬，是制作木雕等工艺品的上好材料，很多工艺制作者利用薄壳山核桃壳进行雕刻、粘贴、油漆、抛光，然后制作成多种多样的工艺品，如花瓶、烟灰缸等，也有一定的市场前景。

3. 涂料

薄壳山核桃壳同样是涂料中最为主要的原料，特别是在高级涂料制作中，将其加工后放入涂料中，可以让涂料获得如塑料一样的质感，大大提高了涂料的性能。这种加入薄壳山核桃壳的涂料可以涂在塑料、砖和墙板上，从而防止裂痕。

4. 对抛光材料进行清洗

薄壳山核桃壳特有的硬度存在着巨大的商机。有研究者发现，薄壳山核桃壳经过超微粉碎后,可以将其制作成超细粉。采用粉碎机对核桃壳进行粉碎处理,其操作流程为:粉碎→抛光→蒸洗→药物防腐处理→两次筛选加工→核桃壳粉(核桃壳颗粒)。薄壳山核桃壳粉坚韧、耐磨、抗压、化学性能稳定、吸附性强,适用于油田、化工行业的去油和悬浮固体的处理,还可对金属进行清洗。将处理过的薄壳山核桃壳用作清洗和抛光的材料,使得金属更加具有光泽感和更加细腻。

5. 色素的制作

薄壳山核桃壳中含有一定的食用棕色素,采用简单工艺可以进行提取,然后使用含水的乙醇进行溶解,从而制成色素。薄壳山核桃壳中的色素具有清香的味道,具有很好的耐热性和抗氧化性。色素提取后的残渣还可以作为活性炭的原料。这种方法大大提高了薄壳山核桃壳的利用效率,具有很高的环保价值。

6. 化妆品

薄壳山核桃壳经过超细磨后,可以获得超细核桃粉,由于它没有毒素,可以将其用在化妆品的制作中,有效提高化妆品的护肤性能。同时,也可以将适当粒径的薄壳山核桃粉作为添加剂加入肥皂、磨砂膏和牙膏中。

(五)隔膜

在医学上将薄壳山核桃隔膜叫作"分心木"。薄壳山核桃隔膜中含有挥发油、油脂、生物碱、黄酮、皂苷、鞣质、有机酸、多酚、糖类、氨基酸、多肽或蛋白质等成分。其中黄酮类化合物是药用植物中主要活性成分之一,它的生物活性备受国内外研究者的重视。研究表明,隔膜具有抗氧化、调节免疫、抑制细菌生长、延缓衰老等多种药理作用。

(六)花粉

花粉是开花植物中雄性生殖细胞,它孕育着植物新生命所需的全部营养成分和精华。花粉也享有"完全营养食品"和"微型营养库"的美誉,其内含许多对人体有益的成分,能很好地提高免疫功能、调节神经系统还能美容养颜。据郑柯斌等的研究,薄壳山核桃雄花序蛋白质含量达12.08%~17.90%,纤维素含量丰富,富含17种氨基酸,同时含有钙、镁、铁等多种矿质元素,以及多酚及黄酮等,其中多糖含量达1%~1.6%,是一种很好的健康保健食品。花粉也作为药品、饲料添加剂以及化妆品的成分。中国对薄壳山核桃花粉的研究很少,而国外偏重于对薄壳山核桃花粉治疗过敏性疾病的研究,如何开发利用这一资源还有待进一步研究。

(七)木材

薄壳山核桃是优良材用树种,其树干通直,木材结构细密,力学强度高,纹理、色泽美观，富有弹性，不易翘裂，是制作高等家具和雕刻工艺品的上等用材，与黑核桃和黑樱桃并列为世界上三大优质硬阔叶用材树种。木材的性质决定了木材的可利用价值，也直接影响到木材的加工和利用。当前，国内很多材料科学家也关注到薄壳山核桃木材，米沛等人就以薄壳山核桃人工林木材为对象，研究其化学成分及其变异规律，分析出薄壳山核桃木材的化学组分轴向变化等性质。

(八)其他用途

薄壳山核桃树体高大挺拔，树干端直，树冠近广卵形，树形优美，开花期、结果期的花序、果实和叶子相映生辉，在园林绿化方面有枫树、凤凰木、梧桐等树种不可比拟的一面，是这些树种的理想替代品。因此，薄壳山核桃是城乡庭院绿化、行道树、风景林等的优选树种之一，更是新农村建设中庭院生态经济、美丽乡村建设的首选树种之一。此外，薄壳山核桃根系发达，耐水湿，也适合河流沿岸及平原地区绿化造林，在生态修复，特别是湿地修复方面具有很大的潜力。

参考文献

[1] 吴文龙, 李永荣, 方亮, 等. 薄壳山核桃果实性状的遗传变异与相关性研究[J]. 经济林研究, 2010, 28(3): 25-30.

[2] 王海燕, 李睿. 功能性不饱和脂肪酸研究进展[J]. 肉类研究, 2010(12): 14-17.

[3] 俞春莲, 王正加, 夏国华, 等. 10个不同品种的薄壳山核桃脂肪含量及脂肪酸组成分析[J]. 浙江农林大学学报, 2013, 30(5): 714-718.

[4] 方亮, 李永荣, 彭方仁, 等. 不同加工工艺对薄壳山核桃饼粕理化性质的影响[J]. 江西农业学报, 2014, 26(10): 94-96.

[5] 常君, 任华东, 姚小华, 等. 41个薄壳山核桃品种果实营养成分与脂肪酸组成的比较分析[J]. 西南大学学报(自然科学版), 2021, 43(2): 20-30.

[6] 俞春莲. 薄壳山核桃果实成熟过程中主要营养物质变化规律研究[D]. 杭州: 浙江农林大学, 2013.

[7] 陈咪佳. 山核桃主要营养成分比较及其加工影响的研究[D]. 杭州: 浙江农林大学, 2017.

[8] 王小纪. 一本书明白核桃安全高效与规模化生产技术[M]. 西安: 陕西科学技术出版社, 2016: 163-177.

[9] Brigelius-Flohé R, Traber M G. Vitamin E: function and metabolism[J]. The FASEB Journal, 1999, 13(10): 1145-1155.

[10] Prasad RNB. Walnuts and pecans, In Encyclopedia of food science and technology[M]. London: Academic Press, 1993: 4828-4834.

[11] Senter S D, Horvat R J, Forbus W R. Comparative GLC-MS analysis of phenolic acids of selected tree nuts [J]. Journal of Food Science, 1983, 48(3): 798-799.

[12] Venkatachalam M, Sathe S K. Chemical composition of selected edible nut seeds [J]. Journal of agricultural and food chemistry, 2006, 54(13): 4705-4714.

[13] 姚小华, 常君, 王开良, 等. 中国薄壳山核桃[M]. 北京: 科学出版社, 2014: 228-255.

[14] 贾晓东, 宣继萍, 张计育, 等. 优质薄壳山核桃果实采收加工方法[J]. 北方园艺, 2014(22): 127-128.

[15] 李文君, 刘广勤, 王成章, 等. 复合保鲜剂对薄壳山核桃贮藏品质的影响[J]. 食品工业科技, 2021, 42(3): 258-264, 271.

[16] 郭敏. 食品涂膜保鲜的研究[J]. 食品科学, 1996, 17(3): 59-62.

[17] Senter S D, Forbus W R, Nelson S O, et al. Effects of dielectric and steam heating treatments on the storage stability of pecan kernels[J]. Journal of food Science, 1984, 49(3): 893-895.

[18] Nelson S O, Senter S D, Forbus W R. Dielectric and steam heating treatments for quality maintenance in stored pecans[J]. Journal of microwave power, 1985, 20(2): 71-74.

[19] 张润光. 优质核桃油加工与保藏关键技术研究[Z]. 西安: 陕西师范大学, 2018.

[20] 徐月华. 冷榨核桃油的香味强化及核桃乳稳定性的研究[D]. 无锡: 江南大学, 2014.

[21] 罗会婷, 贾晓东, 翟敏, 等. 薄壳山核桃营养成分的研究进展[J]. 中国农学通报, 2017, 33(8): 39-46.

[22] 谢心美, 郝海鑫, 何建斌. 植物甾醇的生理功能及其应用[J]. 草业科学, 2013, 30(12): 2105-2109.

[23] Maguire L S, O'sullivan S M, Galvin K, et al. Fatty acid profile, tocopherol, squalene and phytosterol content of walnuts, almonds, peanuts, hazelnuts and the macadamia nut [J]. International journal of food sciences and nutrition, 2004, 55(3): 171-178.

[24] Cai Z, Kastell A, Mewis L, et al. Polysaccharide elicitors enhance anthocyanin and phenolic acid accumulation in cell suspension cultures of Vitis vinifera [J].

Plant Cell, 2012, 108(3): 401-409.

[25] Tapiero H, Townsend D M, Tew K D. The role of carotenoids in the prevention of human pathologies[J]. Biomedicine & Pharmacotherapy, 2004, 58(2): 100-110.

[26] Hughes D A. Dietary carotenoids and human immune function[J]. Nutrition, 2001, 17(10): 823-827.

[27] Mayne S T. Beta-carotene, carotenoids, and disease prevention in humans[J]. The FASEB Journal, 1996, 10(7): 690-701.

[28] Chen C C, Ho C T. Gas chromatographic analysis of volatile components of ginger oil (Zingiber officinale Roscoe) extracted with liquid carbon dioxide[J]. Journal of agricultural and food chemistry, 1988, 36(2): 322-328.

[29] 吴彩娥, 阎师杰, 寇晓虹, 等. 超临界CO_2流体萃取技术提取核桃油的研究[J]. 农业工程学报, 2001(6): 135-138.

[30] 施显赫, 王丰俊, 欧阳杰. 核桃油制取方法和质量评价研究进展[J]. 食品工业科技, 2013, 34(8): 395-399.

[31] 王婷, 阙欢. 核桃油生产工艺研究[J]. 现代食品, 2017(22): 108-111.

[32] 徐效圣. 核桃乳生产工艺研究[D]. 乌鲁木齐: 新疆农业大学, 2010.

[33] Shawabkeh R A, Abu-Nameh E S M. Absorption of phenol and methylene blue by activated carbon from pecan shells[J]. Colloid Journal, 2007, 69(3): 355-359.

[34] 夏天文, 孟橘, 杨帆, 等. 脱臭过程对油脂反式脂肪酸含量的影响[J]. 中国油脂, 2007(12): 18-20.

[35] 马添, 尹潞海, 陈锋, 等. 精炼对山核桃油中反式脂肪酸影响的研究[J]. 农产品加工, 2017(10): 7-10.

[36] 刘莉华, 宛晓春, 李大祥. 黄酮类化合物抗氧化活性构效关系的研究进展[J]. 安徽农业大学学报, 2002, 29(3): 265-270.

[37] 魏海林, 韩玺钊. 发展薄壳山核桃产业的市场潜力及对策分析[J]. 中国农村科技, 2020(8): 72-75.

[38] 米沛, 徐斌, 潘新建. 薄壳山核桃人工林木材的化学性质[J]. 东北林业大学学报, 2014, 42(6): 79-82.

[39] 任华东, 姚小华, 常君, 等. LY/T 1941—2021 薄壳山核桃[S]. 2022-01-01.

附录 A 薄壳山核桃相关技术规程汇总表

序号	标准名称	标准类型	标准编号	起草单位	起草人	范围
1	薄壳山核桃	行标	LY/T 1941—2021	中国林科院亚热带林业研究所、浙江农林大学、南京林业大学等单位	姚小华、任华东、常君等	包括：第1部分：良种选育技术；第2部分：种苗繁育技术规程；栽培管理技术规程；果实采收与坚果质量等级
2	薄壳山核桃遗传资源调查编目技术规程	行标	LY/T 2804—2017	中国林业科学研究院亚热带林业研究所、黄山市林业科学研究所	常君、任华东、姚小华等	本标准规定了薄壳山核桃遗传资源术语和定义、调查对象与内容、调查方法、测定方法、总结与编目和档案管理。本标准适用于薄壳山核桃遗传资源的调查与编目
3	薄壳山核桃丰产采穗圃营建技术规程	地标	DB34/T 3036—2017	安徽省林业科学研究院、滁州市林业科学研究所	陈素传、周米生、季琳等	本标准规定了薄壳山核桃丰产采穗圃营建的圃地选择与配置、圃地整理、营建技术、抚育管理、穗条生产、穗条处理与贮藏、档案建立等方面要求。本标准适用于薄壳山核桃丰产采穗圃建设
4	薄壳山核桃采穗圃营建技术规程	行标	LY/T 2433—2015	中国林业科学研究院亚热带林业研究所	王开良、姚小华、常君等	本标准规定了薄壳山核桃采穗圃营建的基本要求、采穗圃建、采穗圃管理、档案建立等方面的要求。本标准适用于薄壳山核桃采穗圃建设
5	薄壳山核桃砧木培育技术规程	地标	DB53/T 921—2019	云南省林业科学院	徐亮、张雨、冯倩等	本标准规定了薄壳山核桃砧木培育的品种选择、圃地选择、种子处理、播种、苗期管理、苗木质量等要求。本标准适用于薄壳山核桃砧木的培育

(续)

序号	标准名称	标准类型	标准编号	起草单位	起草人	范围
6	薄壳山核桃种子电热催芽技术规程	地标	DB34/T 3347—2019	安徽省顺源农业有限公司,合肥市森林病虫害防治检疫站,安徽农业大学等	高乾奉、韩保春、刘焕安等	本标准规定了薄壳山核桃种子电热催芽床的构建、电热催芽过程的管理、芽苗分拣。本标准适用于薄壳山核桃种子电热催芽
7	薄壳山核桃方块芽接技术规程	地标	DB32/T 3329—2017	江苏省农业科学院	朱海军、刘广勤、生静雅等	本标准规定了薄壳山核桃方块芽接的砧木、接穗、嫁接、接后管理、苗木出圃要求及档案管理。本标准适用于薄壳山核桃嫁接苗培育
8	美国薄壳山核桃嫁接育苗技术规程	地标	DB36/T 893—2015	江西省林业科学院,江西省峡江美国薄壳山核桃山市林业科学研究所	王玉娟、龚春、何小三等	本标准规定了美国薄壳山核桃嫁接育苗的定义、苗圃地选择、砧木培育、穗条贮藏、嫁接技术、苗期管理、苗木出圃。本标准适用于江西省境内薄壳山核桃嫁接苗的培育
9	薄壳山核桃育苗技术规程	地标	DB34/T 2638—2016	安徽省林木种苗总站,安徽省林业科学研究院、黄山市林业科学研究所	张晓渡、潘新建、金继良	本标准规定了薄壳山核桃的实生苗培育、嫁接苗培育、苗木出圃和育苗档案等技术要求。本标准适用于安徽省薄壳山核桃设施、露地育苗
10	薄壳山核桃容器育苗技术规程	地标	DB32/T 2555—2013	江苏省农业科学院园艺研究所	朱海军、刘广勤、生静雅等	本标准规定了薄壳山核桃容器育苗的苗圃建立、育苗设计、育苗容器、育苗基质、苗木培育、管理内容、苗木出圃及档案管理等内容。本标准适用于培育2年生苗龄薄壳山核桃容器嫁接苗

（续）

序号	标准名称	标准类型	标准编号	起草单位	起草人	范围
11	薄壳山核桃实生苗培育技术规程	行标	LY/T 2315—2014	中国林业科学研究院亚热带林业研究所、浙江省建德市林业技术推广中心、杭州长林园艺有限公司等	常君、姚小华、王开良等	本标准规定了薄壳山核桃实生苗培育的术语和定义、种子质量、种子处理、圃地选择与整地、播种、苗期管理、苗木出圃、苗木质量等内容。本标准适用于薄壳山核桃适生区实生苗培育
12	薄壳山核桃营造林技术规程	地标	DB34/T 3116—2018	安徽省造林经营总站、安徽省林业科学研究院、安徽农业大学等	肖斌、陈淑芬、傅松玲等	本标准规定了薄壳山核桃造林立地要求、培育类型、以及果用林、材果兼用林造林地选择、苗木要求和栽培管理技术等内容。本标准适用于以果用、材果兼用为目的的薄壳山核桃栽培和管理
13	薄壳山核桃早实丰产栽培技术规程	地标	DB32/T 2380—2013	江苏省中国科学院植物研究所	周久亚、朱灿灿、耿国民	本标准规定了薄壳山核桃早实丰产园的建立（园址选择、园地设计、种植密度、苗木种类及其规格、品种选择、苗木定植）与早实丰产园的管理（干高树形、修剪、灌溉、施肥、土壤管理、防治虫害、避免田间操作引起的伤害）技术。本标准适用于江苏省薄壳山核桃早实丰产的栽培生产
14	薄壳山核桃生产技术规程	地标	DB33T 2077—2017	中国林业科学研究院亚热带林业研究所、建德市林业技术推广中心	姚小华、常君、王开良等	本标准规定了薄壳山核桃园地选择、果园建立、果园管理、高接换冠、辅助授粉、病虫害防治、果实采收、档案管理和生产模式图等技术要求。本标准适用于薄壳山核桃的栽培与管理

(续)

序号	标准名称	标准类型	标准编号	起草单位	起草人	范围
15	薄壳山核桃有机栽培技术规程	地标	DB32/T 2556—2013	江苏省农业科学院园艺研究所	刘广勤、朱海军、生静雅等	本规程规定了薄壳山核桃有机栽培的技术要求，包括产地要求、品种选择、苗木选择、核桃园建设、整形修剪、土肥管理、水分调控、树势调整、病虫草害控制以及采收与贮藏。本标准适用于江苏省范围内薄壳山核桃的有机种植
16	薄壳山核桃生态栽培技术规程	地标	DB34/T 2749—2016	安徽农业大学、庐江大黄薄壳山核桃科技种植专业合作社	傅松玲、刘华、彭大黄等	本标准规定了薄壳山核桃生态栽培的术语和定义、生态环境要求、立地条件选择、生态栽培技术、档案建立等环节的技术要求。本标准适用于安徽省内的薄壳山核桃苗木的生态栽培
17	薄壳山核桃主要病虫害防治技术规程	地标	DB34/T 3720—2020	滁州市林业有害生物防治检疫局、南京林业大学、安徽省林业科学研究院等	杨旭祥、巨云为、周米生等、杨菊、吴静、赵玉玲	本标准规定了薄壳山核桃主要病虫害防治的防治对象、防治原则、防治方法。本标准适用于薄壳山核桃种植区的主要病虫害防治
18	薄壳山核桃坚果和果仁质量等级	行标	LY/T 2703—2016	中国林业科学研究院亚热带林业研究所	姚小华、王亚萍、王开良等	本标准适用于商品薄壳山核桃坚果和果仁的收购、储存、运输和贸易
19	薄壳山核桃坚果质量分级	地标	DB32/T 2905—2016	江苏省中国科学院植物研究所、常州果美农业科技有限公司	朱灿灿、耿国民、周久亚等	本标准规定了薄壳山核桃质量分级的术语和定义、分级要求、测定方法、检验等。本标准适用于薄壳山核桃加工坚果的质量分级

附录 B 中国薄壳山核桃主要栽培品种与配置

品种名称	品种特点	适宜栽培区域与适宜授粉品种
YLJ042 号	雌先型。树体高大，生长势较旺，树冠开张型，叶片镰刀形，落叶早，结果早。坚果平均单籽重 11.75g，种子饱满度 92.7%，出仁率 59%，种仁含油脂 79%，坚果单果重 7.37g 左右。9 年生试验林平均树高 7.0m，胸径 13.6cm，冠幅 9.88m²，平均株产坚果 5.93kg。	浙江、江苏、安徽 授粉品种：YLJ5 号、YLJ6 号、YLC21
YLJ023 号	雌先型。树体高大，生长势较旺，树冠开张型，叶片镰刀形，落叶早，结果早。坚果平均单果重 13.24g，种子饱满度 98.3%，出仁率 64%，种仁含油脂 76%，坚果单果重 8.87g。9 年生试验林平均树高 5.4m，胸径 12.6cm，冠幅 8.34m²，平均株产坚果 3.78kg。	浙江、江苏、安徽 授粉品种：YLJ5 号、YLJ6 号、YLC21 号
马罕（Mahan）	雌先型。树势强盛，树枝半开张，分枝力中等，枝条中粗。果枝长，成花能力强，结果早。开花期在 5 月上中旬，雌花盛花期比雄花盛花期早 7~10 天。盛果期株产量 17~29kg。果实成熟期 10 月中下旬至 11 月上旬。坚果长椭球形，果基园，果顶尖或尾尖，中间略细，横切面程扁圆形。坚果单果重（气干）9.57~12.69g，平均 11.08g。壳薄易剥，出仁率 49.3%~63.0%，平均出仁率 56.8%，种仁含脂肪 63% 左右	浙江、江苏、安徽 授粉品种：YLJ35，YLJ5 号、YLJ6 号
YLC13 号	雌先型。嫁接苗定植后 3~4 年开始结果，第 5 年进入投产期。萌芽期在 3 月中旬，4 月中旬雄、雌花开始萌动；10 月中旬至 10 月下旬果实成熟期。五年生平均单株鲜果产量为 3.69kg。坚果平均单果重 6.84g，籽仁含脂肪 69% 左右	浙江、江苏、安徽 授粉品种：YLC21 号
YLC10 号	雌先型。嫁接苗定植后第 5 年进入投产期。萌芽期在 3 月中旬，4 月中旬雄、雌花开始萌动；10 月中旬至 10 月下旬果实成熟期。五年生平均单株鲜果产量为 4.64kg。坚果平均单果重 13g 左右，种仁含脂肪 67% 左右	浙江、江苏、安徽 授粉品种：YLC21 号
YLC12 号	雄先型。嫁接苗定植后第 5 年进入投产期。萌芽期在 3 月中旬，4 月中旬雄、雌花开始萌动；10 月中旬至 10 月下旬果实成熟期。五年生平均单株鲜果产量为 5.61kg。坚果单果重 8g 左右，籽仁含脂肪约 65%	浙江、江苏、安徽 授粉品种：YLC21 号、马罕

(续)

品种名称	品种特点	适宜栽培区域与适宜授粉品种
YLC21 号	雌先型。嫁接苗定植后第 5 年进入投产期。萌芽期在 3 月中旬，4 月中旬雄、雌花开始萌动，雌花由总苞、4 裂的花被及子房组成；10 月中旬至 10 月下旬果实成熟期。五年生平均单株鲜果产量为 4.54kg。坚果单果重 9g 左右，种仁含脂肪约 70%	浙江、江苏、安徽 授粉品种：YLJ23、YLJ5 号、YLJ6 号
YLC29 号	雌先型。嫁接苗定植后第 5 年进入投产期。萌芽期在 3 月中旬，4 月中旬雄、雌花开始萌动，5 月上旬雌花先熟，10 月中旬至 10 月下旬果实成熟期。5 年生平均单株鲜果产量为 4.17kg。坚果平均单果重 9g 左右，籽仁含脂肪约 68%	浙江、江苏、安徽 授粉品种：YLC21
YLC35 号	雄先型。抗性强，易栽培。萌芽期在 3 月中旬，雄花开放早花型，4 月中旬雄、雌花开始萌动，4 月下旬雄花盛花，10 月中旬至 10 月下旬果实成熟期。5 年生平均单株鲜果产量为 5.91kg。坚果单果重 10g 左右。坚果壳薄，取仁容易，果仁色美味香，籽仁含脂肪约 65%，无涩味，松脆	浙江、江苏、安徽 授粉品种：马罕
肖肖尼 (Shoshoni)	雌先型。早实丰产，嫁接后 3 年结果，适应性较强，抗逆性较好，较耐热、抗旱。雌花可授期 5 月 1~5 日，雄花散粉期期 5 月 4~8 日。果实 11 月上旬成熟，易脱壳。坚果短椭圆形，平均单果重 10.77g，出籽率 38.85%，出仁率 49.67%，含油率 69.47%，总蛋白含量 9.78%，总糖含量 12.15%。主要缺点是易感染黑斑病	浙江、江苏、安徽 授粉品种：特贾斯
特贾斯	雌先型。株型较大，早实丰产，适应性较强，抗逆性较好。雌花可授期 4 月 30 日至 5 月 5 日，雄花散粉期 5 月 8~10 日。嫁接后 3 年结果，果实 10 月下旬成熟，平均单果重 40.45g，坚果长椭球形，果基、果顶尖，种仁脊沟宽而浅，易脱壳，单果重 12.23g，出籽率 30.25%，出仁率 42.73%，含粗脂肪 67.92%，总蛋白含量 8.77%，总糖含量 15.05%。主要缺点是易感染黑斑病	浙江、江苏、安徽 授粉品种：肖肖尼
波尼 (Pawnee)	雄先型。树干挺直，树体相对较小，早实丰产，适应性较强，抗逆性较好。雌花可授期 5 月 4~9 日，雄花散粉期 4 月 30 日至 5 月 5 日。嫁接后 3 年结果，果实 10 月上中旬成熟，平均单果重 32.54g，坚果中偏大果型，果壳薄，易于取仁，单果重 10.85g，出籽率 33.34%，出仁率 58.56%，含粗脂肪 71.09%，总蛋白含量 7.03%，总糖含量 16.14%。主要缺点是易感染黑斑病	浙江、江苏、安徽 授粉品种：威斯顿

(续)

品种名称	品种特点	适宜栽培区域与适宜授粉品种
威斯顿 (Western)	雌先型。雌花期4月28日至5月5日,雄花散粉期5月4~10日,果10月中下旬成熟。嫁接后定植3年结果,果较大,稳产性较好,13年生平均株产籽23.7kg。平均单果重7.94g,平均出籽率35.52%,平均出仁率59.85%,平均含粗脂肪71.93%,平均总蛋白含量6.24%,平均总糖含量12.29%。主要用于营建干果林	浙江、江苏、安徽 授粉品种:波尼
绿宙1号	雌先型,雌雄花不相遇,自花不实。芽4月中旬萌动,4月底展叶,雌花5月上旬进入可授期,雄花4月底萌发,5月中旬进入散粉期。10月下旬果实成熟中大果,平均单果质量7.83g,果壳厚0.80mm,出仁率47.78%,种仁含脂肪78.04%,果形指数为2.10。果仁中亚油酸含量266.70g/kg,亚麻酸含量13.21g/kg	江苏、浙江、山东、安徽、江西 授粉品种:卡多、波尼
莫愁	雌先型。丰产性好。5月中旬雌花开放,10月下旬至11月上旬果实成熟,坚果大小中等,平均单果重7.8g,广椭球形,种仁饱满,出仁率42.3%,种仁含脂肪68.4%	云南、江苏、安徽 授粉品种:绿宙1号
威奇塔 (Wichita)	雌先型品种。雌花期为5月5~12日,雄花散粉期在5月11~17日。自花不能结实,须配置授粉树(如波尼、马罕),嫁接后4年结果。单果质量7.7g,出仁率64.2%,出油率66.2%,果形指数2.08。该品种果实外形美观,果形较大,结果早,易脱壳,口感好	云南、浙江、江苏、安徽 授粉品种:波尼、马罕
金华1号	雌先型品种。树皮灰褐色,芽卵形,3月下旬萌动,4月中旬展叶,5月上、中旬开花,雄花先行开放,6月下旬为生理落果期,10月上中旬至11月中旬果实成熟,11月下旬至12月上旬落叶进入休眠期。黄褐色,被柔毛,果长椭圆形,被淡黄色腺鳞,外果皮革质,内果皮平滑,黄褐色,果顶钝尖,凹陷,果底圆;6年生树可进入初产期,产量达1870kg/hm²,15年生树可进入盛产期,产量达10530kg/hm²;取仁易,口感细腻香醇,丰产稳产,果实饱满度好,坚果品质优良	云南、浙江、江苏、安徽 授粉品种:绍兴1号
绍兴1号	雌先型品种。芽3月下旬萌动,4月中旬展叶,5月上、中旬开花,雄花先行开放,6月下旬为生理落果期,10月上中旬至11月中旬果实成熟,11月下旬至12月上旬落叶进入休眠期。坚果较小,卵圆球形,果基圆,果顶圆尖,单果重5.5~6.3g,坚果出仁率52%~53.8%,种仁饱满,粗脂肪74.1%~74.4%。脂肪中,油酸67.9%~71.4%,亚油酸18.4%~22.4%,亚麻酸1.14%~1.50%;蛋白质7.5%~8.3%	云南、浙江、江苏、安徽 授粉品种:金华1号

（续）

品种名称	品种特点	适宜栽培区域与适宜授粉品种
安农1号	雌雄同期型。果实大，枝条短，单株产量高，连续结果能力强，丰产性高，是优良的生产加工品种。鲜果平均出籽率32.48%，坚果平均单果重5.62g，坚果出仁率42.51%，种仁含脂肪46.50%，蛋白质9.50%，可溶性糖4.01%，维生素E 121.6mg/kg	安徽、江苏、山东、浙江 授粉品种：安农2号、安农3号、安农4号、安农5号
安农2号	雄先型。枝开张角大，单株产量高，是适于生产、具有较高商品价值的优良品种。鲜果平均出籽率39.85%，坚果平均单果重4.22g，坚果出仁率57.49%，种仁含脂肪43.70%，蛋白质9.30%，可溶性糖3.0%，维生素E 135.0mg/kg	安徽、江苏、山东、浙江 授粉品种：安农1号、安农3号、安农4号、安农5号
安农3号	雌雄同期型。生长量大、果实大、单株产量高，可作为生产加工的优良品种，也可果材兼用。鲜果平均出籽率34.29%，坚果平均单果重7.15g，坚果出仁率49.92%，种仁含脂肪46.60%，蛋白质7.70%，可溶性糖3.5%，维生素E 116.0mg/kg	安徽、江苏、山东、浙江 授粉品种：安农1号、安农2号、安农4号、安农5号
安农4号	雌先型。生长量大、早产，单株产量高，可做优良果用品种，也可果材兼用。鲜果平均出籽率48.16%，坚果平均单果重11.42g，坚果出仁率42.82%，种仁含脂肪41.30%，蛋白质11.30%，可溶性糖3.8%，维生素E 78.4mg/kg	安徽、江苏、山东、浙江 授粉品种：安农1号、安农2号、安农3号、安农5号
安农5号	雌雄同期型。适应性广、丰产、早产，单株产量高，连续结果能力强，是优良的采穗圃品种。鲜果平均出籽率39.13%，坚果平均单果重9.62g，坚果出仁率48.23%，种仁含脂肪46.30%，蛋白质10.4%，可溶性糖4.1%，维生素E 119.7mg/kg	安徽、江苏、山东、浙江 授粉品种：安农1号、安农2号、安农3号、安农4号
德西拉布（Desirable）	雄先型。丰产稳产。3月中旬芽萌动，3月下旬展叶，4月下旬雄花盛开，5月上旬雌花盛开，7~8月为果实速生期，成熟期为10上旬，11月中旬至12月上旬落叶进入休眠。坚果中等，椭圆形，果顶钝尖；仁金黄色，食味香醇。坚果平均粒重7.8g，纵径4.2cm，横径2.35cm，出仁率55.4%，仁含粗脂肪71.4%，蛋白质15.3%	云南 授粉品种：金华1号、绍兴1号等
金奥瓦（Kiowa）	雌先型。适应性强、早实、稳产。3月中旬芽萌动，4月上旬展叶，4月下旬雌雄花盛开，7~8月为果实速生期，成熟期为10月中下旬，11月中下旬至12月上旬落叶进入休眠。坚果中等，卵形，果顶钝尖；果基浑圆，仁黄褐色，食味香。坚果平均粒重7.0g，纵径4.2cm，横径2.35cm，出仁率56.8%，仁含粗脂肪71.8%，蛋白质13.3%	云南 授粉品种：波尼等

(续)

品种名称	品种特点	适宜栽培区域与适宜授粉品种
切尼 (Cheyenne)	雌先型。壳薄，丰产。3月中旬芽萌动，3月末展叶，4月下旬雌雄花盛开，7~8月为果实速生期，成熟期为10月中下旬，11月中下旬至12月上旬落叶进入休眠。坚果中等偏小，椭圆形，果基、果顶钝尖；仁黄褐色，食味香醇。坚果平均粒重5.78g，三径均值2.71cm，出仁率56.0%，仁含粗脂肪71.6%，蛋白质13.4%	云南 授粉品种：波尼等
黄薄1号	雌雄同期型。丰产稳产。芽3月下旬开始萌动，4月上旬开始抽梢展叶；雄花花期5月11~22日，盛花期5月14~20日；雌花花期5月12~25日，盛花期5月14~24日。果实10月底至11月上旬成熟。鲜出籽率27.8%，干出籽率21.9%，单籽（核）种6.1g，出仁率42.7%，种仁蛋白质含量12.2%，含粗脂肪48.7%，碳水化合物含量6.0%，氨基酸总量0.8%，含维生素E 7.4mg/kg；维生素C 1.5mg/kg	安徽、江苏、浙江 授粉品种：马罕
黄薄2号	雄先型。丰产稳产。芽3月下旬开始萌动，4月上旬开始抽梢展叶，雄花花期4月28日至5月8日，盛花期5月1~5日；雌花花期5月8~21日，盛花期5月11~19日；雌雄花花期不遇。果实10月下旬至11月初成熟。果实长圆球形或卵球形，纵径4.6cm，横径3.4cm，外果皮薄，鲜出籽率36.6%，干出籽率33.4%。坚果平均单籽（核）重6.5g，出仁率37.7%，种仁蛋白质含量12.3%，含粗脂肪50.1%，碳水化合物含量5.9%，氨基酸总量0.95%，含维生素E 10.4mg/kg、维生素C 1.8mg/kg	安徽 授粉品种：马罕
贝克 (Baker)	雌先型。结果早，丰产性好。3月中旬芽萌动，雌花盛花期4月中旬，花期8~11天，雄花盛花期4月下旬，花期7~10天，两性花花期不相遇。10月上旬坚果成熟，11月中下旬落叶。坚果椭圆形，平均粒重4.8g，纵径3.52cm，横径1.94cm，壳薄，壳面平滑，灰白色；果顶钝尖、稍歪、凹陷，底钝圆；仁内脊沟窄，取仁易，仁黄白色，出仁率56%，仁含粗脂肪76.45%，脂肪中油酸含量占63.68%，亚油酸含量占25.20%，亚麻酸含量占2.07%	云南、贵州、浙江、江苏、安徽、湖南和江西 授粉品种：波尼
巴顿 (Barton)	雌先型。树体较矮化，适宜密植，树干深褐色，树皮片状开裂脱落，老熟的一年生枝呈灰色，树体矮化，枝条细密，芽卵形，黄褐色，被柔毛，坚果小，短椭圆形，果顶钝尖，底钝圆，被淡黄色腺鳞；6年生树进入初产期，产量约1080kg/hm^2，丰产性好，15年生树进入盛产期，产量达8000kg/hm^2；极易取整仁，果仁食味香甜，口感细腻	云南 授粉品种：卡多

(续)

品种名称	品种特点	适宜栽培区域与适宜授粉品种
卡多 (Caddo)	雄先型。早实丰产,隔年结果不明显。坚果早熟,椭圆球形,趋橄榄形,果基、果顶锐尖;每千克146粒,出仁率53%,种仁外脊沟窄,金黄色,品质优。该品种抗黑斑病、黑蚜的能力差	云南、江苏、山东 授粉品种:埃利奥特、施莱和斯图尔特
赣选1号	雄先型。抗性强,易栽培。萌芽期在3月中、下旬,雄花开放早花型,4月下旬雄、雌花开始萌动,5月中旬雄花盛花,10月中旬至10月下旬果实成熟期。5年生平均单株鲜果产量为1.5kg。坚果单果重16.5g左右,出仁54.8%。坚果壳薄,取仁容易,果仁色美味香,籽仁含脂肪71.94%,蛋白质10.86%。无涩味,松脆	江西 授粉品种:赣选5号

摘自《薄壳山核桃行业标准》(LY/T 1941—2021)

附录C 薄壳山核桃主要病虫害及防治方法

病(虫)名称	防治方法
瘿根瘤蚜 *Phylloxera notabilis*	(1)加强检疫。(2)3月下旬,在植株胸高处的树干上涂成5~10cm宽的油膏(溴氰菊酯乳油:废柴油:废机油:面粉按1:40:60:100的比例调制成油膏)或粘虫胶环。(3)4月中旬,全株喷施2.5%氯氰菊酯乳油或20%氰戊菊酯乳油3000倍液或5%吡虫啉乳油1000~1500倍液。(4)5月,人工摘除带虫瘿的叶片于苗圃外烧毁
咖啡木蠹蛾 *Zeuzera coffeae*	(1)成虫羽化前,人工清理被蛀枝条,苗木要求向下剪至无虫道为止,及时将幼虫处死或烧毁被害枝条。(2)5~7月设置黑光灯诱杀成虫。(3)幼虫孵化期,采用"Bt乳剂+2.5%氯氰菊酯"1000~2000倍喷雾
山核桃蚜虫 *Kurisakia sinocaryae*	(1)利用瓢虫、食蚜蝇等天敌进行生物防治。(2)喷施40%乐斯本乳油1500~2000倍液或5%吡虫啉乳油1000~1500倍液
中国绿刺蛾 *Latoia sinica*	(1)及时剪除群集在一起的低龄幼虫,集中销毁。清除枝干上绿刺蛾越冬茧。(2)幼虫低龄期喷施8000 IU/mg Bt可溶性粉剂1000倍液;或喷施5%灭幼悬浮剂2000倍液;或2.5%氯氰菊酯乳油、20%氰戊菊酯乳油3000倍液。(3)成虫期,设置黑光灯诱杀
星天牛 *Anoplophora chinensis*	(1)5~6月,人工捕捉或引诱剂诱杀天牛成虫。(2)5月底至6月底,全株喷施含8%氯氰菊酯微胶囊剂或绿色威雷微胶囊剂500~800倍液。(3)掏出蛀道内虫粪,用蘸有80%吡虫啉乳油原液的棉团堵塞蛀孔,或用兽用注射器注入药液并用泥土封闭蛀孔
云斑天牛 *Batocera horsfieldi*	(1)在5~6月成虫发生期,组织人工捕杀。(2)于秋、冬季节或早春砍伐受害严重的林木,消灭虫源。(3)释放川硬皮肿腿蜂、管氏肿腿蜂及花绒寄甲等天敌进行生物防治。(4)幼虫危害期,用小型喷雾器从虫道注入10%吡虫啉可湿性粉剂,或用浸药棉塞孔后用粘泥或塑料袋堵住虫孔。(5)成虫发生期,向树干喷洒绿色威雷或噻虫啉微胶囊剂500~800倍液,或25%灭幼脲悬浮剂500倍液,或1.2%苦·烟乳油500~800倍液
桑天牛 *Aprionagermari*	(1)在6~8月成虫发生期,组织人工捕杀。(2)于秋、冬季节或早春砍伐受害严重的林木,消灭虫源。(3)幼虫危害期,用小型喷雾器从虫道注入10%吡虫啉可湿性粉剂,或采用浸药棉塞孔后用粘泥、塑料袋等堵住虫孔。(4)成虫发生期,向树干喷洒绿色威雷或噻虫啉微胶囊剂500~800倍液,或25%灭幼脲悬浮剂500倍液,或1.2%苦·烟乳油500~800倍液,每公顷用药液1500~3000kg

(续)

病(虫)名称	防治方法
铜绿异丽金龟 *Anomala corpulenta*	(1)结合林地管理，及时清除林间、林缘杂草，春季翻土消灭越冬幼虫。(2)利用麦麸及米糠等饵料5kg和50%辛硫磷乳油50~100mL混拌制作成毒饵，在林地沟中撒诱杀金龟子幼虫，每公顷75kg。(3)5~7月成虫发生期，在高地势装置频振式杀虫灯诱杀成虫，每公顷2盏。(4)成虫大发生期，喷施3%高效氯氟氰菊酯，或30%噻虫嗪微囊悬浮剂1000~1500倍液
薄壳山核桃黑斑病 *Pestalotiopsis microspora*	(1)清理病源收获后及时清除落果、病枝、僵果、枯枝落叶等，集中深埋、烧毁或清理出林间，减少林间病原菌。(2)在5月中旬至6月中旬，施用戊唑醇、咪鲜胺、喹啉铜或其复合配制剂800~1000倍液，一般轻病株喷1~2次，中度病株2~3次，间隔7~10天

摘自《薄壳山核桃行业标准》(LY/T 1941—2021)

薄壳山核桃部分古树资源

南京

江西

安徽

湖南

薄壳山核桃种植

大规格苗

苗圃

栽植

高接

成林（秋季）

成林（夏季）

薄壳山核桃花果

雄花　　　雌花

幼果　　　果序('波尼')

果序('金华')　　　成熟自然开裂

薄壳山核桃果实和种子

果实和种子　　　　　　果实

种子　　　　　　种子横切面

收获的种子　　　　　　种子('金华')

剥开的种子　　　　　　种子切开